供热计量主体仪表之电磁式热量表概述

赵太强　张　雷

g　4 B

吉林科学技术出版社

图书在版编目（CIP）数据

供热计量主体仪表之电磁式热量表概述 / 赵太强，张雷主编 . -- 长春：吉林科学技术出版社，2018.7

ISBN 978-7-5578-4911-5

Ⅰ . ①供… Ⅱ . ①赵… ②张… Ⅲ . ①热工测量－热工仪表 Ⅳ . ① TK31

中国版本图书馆 CIP 数据核字 (2018) 第 153106 号

供热计量主体仪表之电磁式热量表概述

主　　编　赵太强　张　雷
出 版 人　李　梁
责任编辑　孙　默
装帧设计　李　梅
开　　本　787mm × 1092mm　1/16
字　　数　230 千字
印　　张　14.5
印　　数　1-3000 册
版　　次　2019 年 5 月第 1 版
印　　次　2019 年 5 月第 1 次印刷

出　　版　吉林出版集团
　　　　　吉林科学技术出版社
发　　行　吉林科学技术出版社
地　　址　长春市人民大街 4646 号
邮　　编　130021
发行部电话 / 传真　0431-85635177　85651759　85651628
　　　　　85677817　85600611　85670016
储运部电话　0431-84612872
编辑部电话　0431-85635186
网　　址　www.jlstp.net
印　　刷　三河市天润建兴印务有限公司

书　　号　ISBN 978-7-5578-4911-5
定　　价　78.00 元

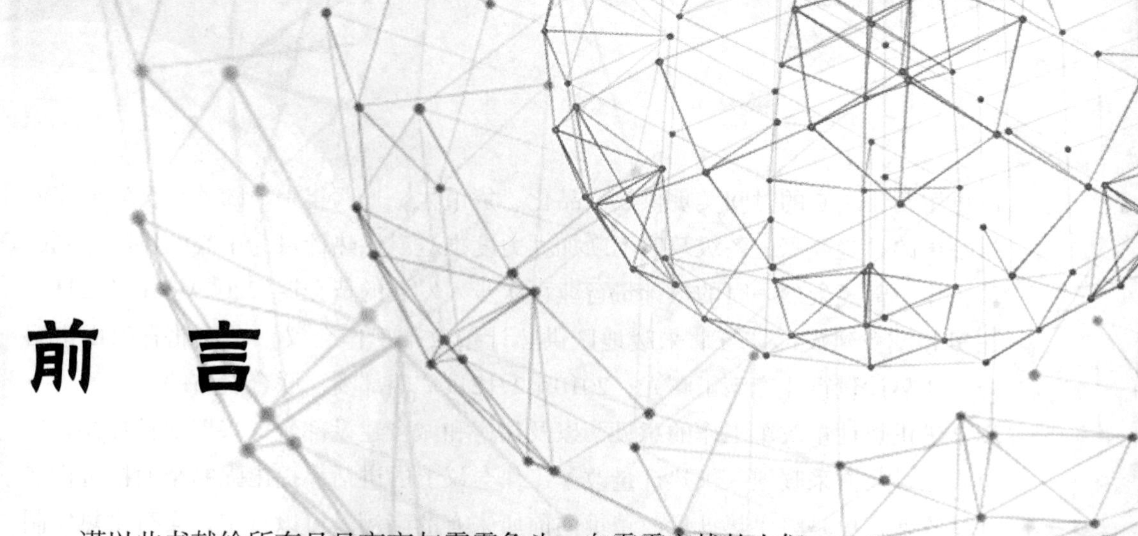

前　言

谨以此书献给所有日日夜夜与雾霾争斗、向雾霾宣战的人们。

众所周知，随着经济的快速发展，资源供给和环境污染对社会发展的制约压力日益上升，因此构建节约型的和谐社会已成为当今社会可持续发展的主题，节能减排更已成为国际社会的共同呼声，而集中供热作为城市的基础设施，在节约能源、减少环境污染、改善人民生活质量等方面的优点，也早已成为社会的共识。因此国家出台《节能中长期专项规划》和旨在设计阶段控制暖通空调和照明能源的《公共建筑节能设计标准》等。

长期以来，我国的集中供热都是采用计划经济体制下的包费制，其耗能的计费方法，绝大多数采用的都是按实际使用面积进行计费。这种供热收费体制不仅违背了市场的客观规律，增加了用户的经济负担，而且由于按面积计算热费，用户对供暖的消费不受经济利益的约束，因此对供热能耗的多少漠不关心，无法激励人们的行为节能意识，从而仰制了供热节能的实现。

经热计量收费的国家经验证明， 城市集中供热中，促进用户自觉行为节能的唯一有效的手段就是实行供热计量，并根据计量结果收缴热费，近年来波兰等东欧国家推行供热计量收费的经验再次证明，集中供热系统由按面积收费改为按热表计量收费节约能耗20% ~ 30%，甚至更多。作为我国北方采暖的主要燃料，每当进入采暖期，大量的燃煤燃烧对空气质量造成了巨大影响。因此，以供热计量收费推进节能减排是落实大气污染防治最直接、最有效的措施已成为不争的事实和社会的共识。

正由于此，自2000年以来，国家主管部委多次发布文件，下发供热体制改革的指导意见。2005年12月16日，由国家建设部及国家发改委、财政部等八部委联合下发的《关于进一步推动城镇供热体制改革的意见》明确提出，原则上各地区可用两年左右的时间实现供热商品化、货币化。近两年来，随着社会对节能减排呼声的日趋高涨、各级政府不断加大力度推进以供热计量为中心的供热体制改革工作，曾经轰烈一时的热计量行业再次步入发展的黄金期。2009年10月22日，住房和城乡建设部“三北采暖地区供热计量改革工作会议”在河北省唐山市召开，让热计量行业充满了曙光；2010年2月2日“四部委”联合发布的“关于进一步推进供热计量改革工作的意见”以及住房和城乡建设部仇保兴副部长在2013年11月14日北方采暖地区供热计量改革工作会议上的讲话，提出强制全面推进供热计量收费，更是将供热计量改革推向前所未有的高潮。可以肯定，实行供热体制改革，推行供热计量收费已是大势所趋，不可逆转。而从技术层面上无论怎样推理和论证，可以说采用热量表计量用热量是当今国际、国内若干种热计量方式中较为成熟和科学的一种方式，是供热计量收费的主体，也是真正具有法制意义的“计量收费”。此外，中华人民共和国国家标准《建筑节能工程施工质量验收规范》和行业标准《供热计量技术规程》中，已将新竣工建筑必须安装供热计量装置以及供热企业和终端用户间的热量结算应以热量表作为结算依据列入强制性条款。可以说供热计量在中国已经开展了二十多年，供热计量飞速发展的春天已经来了，但收获的季节还远远没到。粗略估算，如果“三北”集中供暖地区按计量收取热费，每年对热量表的需求会达到数千万只，热计量仪表产业也将会成为一个产值几千亿人民币的新兴产业。

当前供热计量热量表市场已形成产品的主要类型的热量表有机械式热量表、超声波式热量表、电磁式热量表三种，其中，电磁式热量表才刚刚起步。同当前热量表市场流行的机械式热量表和超声波式热量表相比较，电磁式热量表以高性能的电磁流量传感器检测载热流体的流量，具有许多优良独特的性能特点。首先电磁流量传感器的测量腔体管道与管路管径一致，且无可动部件和阻流元件，可以视为是一根直管段，压力损失可以忽略不计；而且对水质流体几乎没有什么要求，特别适用于国内比较特殊的集中供热水质。此外加上其采用的是间接测量工作原理，先天造就了它的长期可靠性和工作寿命特别长。另外电磁流量传感器检测载热流体流量的工作原理是对整个流速场的平均流速全截面采样计量（即全流速平均采样），因此测量的准确度比较高。就目前热能表所能采用的液体流量传感器技术市场来看，只有采用基于电磁感应原理的电磁流量计检测载热流体流量的电磁式热能表，才可能设计并制造出精确度为1级的热量表。

为了让更多的业内人士和人员共同关注和参与到节能减排、供热体制改革的行列中，并一起群策群力与雾霾争天斗天，共同向雾霾宣战，向苍天重新讨回能自由呼吸的空气。我们决定抛砖引玉，把我们的心得体会公布于众，把我们的经验教训告诫来者，根据自己多年的工作状况和经历，在广泛借鉴现有的各种技术资料、产品样本和一些专利文献的基础上凝聚业内人士所释放的正能量编写成本书，但愿梦想成真。

本书主要阐述作为供热计量主体仪表之一电磁式热量表的性能特点、工作原理、生产制造、调试检测、质量监控、安装使用、系统管理等等相关内容。

本书中有部分章节内容直接引用了有关作者十分精辟难以弃舍的著作和文献，使本书更具指导性和实用性，在此不能逐一标明，特予以致歉并向他们表示衷心的感谢。

本书由赵太强、张雷、宋永英、刘国欣、宋永彬、江玉灿共同编写。其中前言、第1章、第5章由赵太强执笔；第6章、第7章由张雷执笔；第2章由宋永英执笔；第3章、附录由刘国欣汇编；第4章由宋永彬、江玉灿执笔。全书由赵太强主编，张雷统稿。

限于水平，书中不足、不妥和错误之处在所难免，而且随着时间的推移、技术的发展，肯定会有更大的创新呈现。因此敬请广大读者及业内同仁批评指正，在此预向提出批评指正和反馈意见，并不断创新的人士致意。

作 者

2018年2月

目　录

第一章　供热计量和热量表

1.1 供热计量的发展历程

1.1.1供热计量的最初探索

在90年代初国内是没有热计量这一概念的，随着国内很多专家到欧洲参观学习，受欧洲特别是北欧供热计量的影响，开始引进了供热计量、恒温阀等等基本概念。1995年至1996年采暖季，由天津市热力公司引进德国和丹麦等国家的热量表、热分配器和温控阀等先进的供热计量仪表和设备，与德国TECHEM公司合作，并结合我国供热采暖实际情况，对单管和双管采暖系统在供热计量的节能效果方面进行了双比试验。取得了在相同工况下，使用供热计量仪表和装置比不使用供热计量仪表和装置节约能源20%的初步结论。而后天津市“供热办”1997年又继续组织在天津市凯丽花园和欣苑公寓进行了住宅小区供热计量试点试验。可以说上述试验是我国供热计量改革的前奏，也是最初的探索。

上述探索性的试验不仅验证了供热计量是否节能，更重要的是通过供热计量试验，对我国实行了多年的按面积收费并且主要作为福利性的供热体制提出了挑战，从而提出了要进行供热体制改革的一个新理念。1998年11月9日天津市的供热计量试验在中央电视台《东方时空》栏目进行了重要报道，受到了建设部和国内有关城市的密切关注。

1.1.2供热计量的起步发展

2000年2月18日，建设部以76号部长令发布《民用建筑节能管理规定》，其中第五条规定：“新建居住建筑的集中供热分配系统应当使用双管系统，推行温度调节和户用热量计费装置，实行供热计量收费”、“鼓励发展分户热量计量技术与装置”，并且在第二十四条规定：“本规定自2000年10月1日起实施。”这是我国最早的由政府行政管理部门正式颁布的推行供热计量政府文件，它拉开了中国实施供热计量和供热收费改革的序幕，激励了中国供热计量仪表产业的发展热情。

在此之后政府与有关部门又多次下文指导和组织供热计量和收费改革工作，其中2003年7月21日由建设部、发改委等八部委发布的“关于印发《关于城镇供热体制改革试点工作的指导意见》的通知”、以及2005年12月6日由建设部、发改委等八部委发布的《关于进一步推进城镇供热体制改革的意见》，更是供热体制改革供热计量工作全面启动起步发展的标志。

在供热体制改革政策的引导下，建设部主持的关于《热量表》国家行业标准的编制工作过程中，对国内开发、生产供热计量关键装置的热量表企业单位产生了较大的启发和推动作用。继建设部2001年2月5日发布、6月1日起实施《热量表》标准（CJ128—2000）之后；2001年12月4日，国家质量监督检验检疫总局发布了《中华人民共和国国家计量检定规程（JJG225—2001）—热能表》，并规定2002年3月1日起实施。这两个国家标准和规程，都是以最新的国际标准为参考和依据的。中国的热量表从法制上建立了关于生产标准和技术检定规程，初步完善了供热计量关键装置的质量保证和监督体系。从此，中国供热计量和供热收费改革进入了可持续发展的轨道。

1.1.3供热计量的全面推广

我国的供热计量事业经过1995年至1999年最初的探索，2000年到2004年改革初始阶段的试点，2005年到2009年相对快速的起步发展，2010年开始进入全面推广，可以说取得了突破性的进展，一批与供热计量相关的法律、法规、技术标准、检定规程等行政和技术文件相继发布和实施，新建建筑的供热计量和既有住宅建筑的供热计量工作取得显著成效。

2007年，《中华人民共和国节约能源法》颁布，其中第三十八条规定：国家采取措施，对实行集中供热的建筑分步骤实行供热分户计量、按照用热量收费的制度。

2008年5月21日住建部、财政部发布《关于北方采暖地区既有居住建筑供热计量及节能改造工作的实施意见》。

2010年2月2日住建部、发改委、财政部和国家质检总局发布的《关于进一步推进供热计量改革工作的意见》、国务院颁发的《民用建筑节能条例》《节能减排综合性工作方案》以及原建设部出台《城市供热价格管理暂行办法》，都将供热计量和供热收费体制改革纳入到了条文，都做出明确要求和规定，同时将“供热计量”“供热体制改革”与节能减排节约资源的基本国策结合起来，促进我国经济社会发展并确实进入全面协调可持续发展的轨道。

在此阶段政府也是加大了引导力度，住建部从2006年开始连续五年召开全国供热计量大会，将供热计量的实施和文明城市称号、政府工程补贴相关联。同期开展国家级城市示范工作，选择了八个城市开展示范工作，及既有住宅供热计量示范工程。2010年，住建部颁发了行业标准《供热计量技术规程》，将之前供热计量中的各种方法和概念做了全面的梳理。供热计量产业格局也基本形成，表具产品、控制产品及系统服务、系统服务商等大量涌现。截止2010年，北京、天津等10个省市出台了供热计量价格和收费实施细则，80多个地级以上城市出台供热计量价格和收费办法。十一五期间超额完成1.5亿㎡居住建筑供热计量改造，十二五的第一年，2011年完成北方既有居住建筑供热计量及节能改造面积1.32亿㎡。

实践证明，实施建筑节能和供热计量节能的节能效果很显著。北京市3000万平方米公共建筑实施供热计量后，扩大供热面积150万平方米，没有增加供热量。内蒙古赤峰市300万平方米既有建筑进行了节能和供热计量改造，扩大供热面积150万平方米，没有增加供热量。河北承德市200万平方米居民住宅实施供热计量后，扩大供热面积100万平方米，没有增加供热量。

1.2 供热计量的通用规范

1.2.1供热计量的技术标准

一、工程标准《供热计量技术规程》JGJ173—2009，强制性标准

《民用建筑供暖通风与空气调节设计规范》GB50736-2012

《严寒和寒冷地区居住建筑节能设计标准》JGJ26–2010

《建筑节能工程施工质量验收规范》GB50411–2007

《绿色建筑评价标准》GB/T 50378–2006 都对供热计量有相关要求。

二、产品标准

《热能表》中华人民共和国国家计量检定规程JJG225–2001

《热量表》CJ128–2007

《电子式热分配表》CJ/T260–2007

《热量分配表》 CJ/T271–2007

《流量温度法热分配装置技术条件》JG/T332–2011

《温度法热计量分摊装置》JG/T362–2012

《通断时间面积法热计量装置技术条件》JG/T379–2012

《散热器恒温控制阀》JG/T195–2007

《采暖空调用自力式压差控制阀》JG/T383–2012

《采暖与空调系统水力平衡阀》GB/T 28636–2012/2

1.2.2供热计量的实施方法

●户用热量表法：楼热力入口热量表＋户用热量表，天津市以这个方法为主；

●散热器热分配表法：楼热力入口热量表＋热量分配表；

●流量温度法：楼热力入口热量表＋散热器；

●通断时间面积法：楼热力入口热量表＋通过散热装置通水时间，在很多城市大量推广；

●温度法：楼热力入口热量表＋室温监测系统，简单易行。

通过多年广泛的运行实践，《供热计量技术规范》就国际、国内所采用的分户计量的方法中选择并确认了适合我国国情的四种方法：户用热量表法、散热器热分配计法、流量温度法、通断时间面积法。

1.2.3供热计量的收费方法

建设部在2007年下发的《城市供热价格暂行管理办法》中明确指出，我国现行的供热计量收费方法为两部制热价法。所谓两部制热价是指热力销售价格由两部分组成，即基本热价和计量热价。基本热价主要反映固定成本，计量热价则主要反映变动成本，基本热价可以按照总热价的30%～60%的标准确定。《城市供热价格管理办法》提供了供热计量收费依据，明确规定供热计量收费实行固定收费和热计量收费两部制，比例为30%-70%左右。

1.2.4供热计量的技术要求

●供热计量的技术前提——室温调控、供热系统调节和安装热量计量装置是供热计量三个最基本的技术前提。

●供热计量的方式——要实现分户热计量。

●集中供热系统的热量结算点——必须安装热量表。

●既有民用建筑供热系统的热计量及节能技术改造——应保证室内热舒适要求。

●既有集中供热系统的节能改造——应采用自动控制技术和自力式控制阀等装置实现供热系统水力平衡、热源的气候补偿和运行调节等系统节能技术，并通过热量表对节能改造效果加以考核和跟踪，为供热计量创造前提条件。

●热源和热力站的供热量——应采用热量测量装置加以计量监测。

●热源或热力站——必须安装供热量自动控制调节装置。

●热源与热力站必须热计量

●楼栋热计量

居住建筑应以楼栋为对象设置热量表，对建筑类型相同、建设年代相近、围护结构作法相同、用户热分摊方式一致的若干栋建筑，也可确定一个共用的位置设置热量表。

●分户热计量

应根据建筑类别、室内供暖系统形式、经济发展水平，结合当地实践经验及供热管理方式，合理地选择计量方法，实施分户热计量。

分户热计量可采用楼栋计量用户热分摊的方法，对按户分环的室内供暖系统也可采用户用热量表直接计量的方法。

用户热分摊：在楼热力入口处（或热力站）安装热量表计量总热量，通过设置在住宅户内的测量记录装置，确定每个独立核算用户的用热量占总热量的比例，进而计算出用户的分摊热量，实现分户热计量。

各种方法都有其特点、适用条件和优缺点，没有一种方法完全合理、尽善尽美，在不同的地区和条件下，不同方法的适应性和接受程度也会不同，因此分户热计量方法的选择，应从多方面综合考虑确定。

1.3　热量表概述

1.3.1热量表的计量原理与热量计算方法

热量表是测量、计算并显示热交换系统（包括集中供热的暖气和冷暖空调）所释放或吸收的热量量值的仪表。在我国，热量表是实施城市供热体制改革，推行按热量计量收费的关键设备。作为一种新的、以微处理器和高精度传感器为基础的机电一体化计量器具产品，与现在已普遍使用的户用计量表——水表、电表、煤气表相比，有更复杂的设计和更高的技术含量。

热量表的计量原理是采用焓差法和K系数法，前者是计算时间的积分，后者是计算流量的积分。这些公式的推导都是基于简单的热力学基本原理：

即：热量定义，1升纯净的水（比热为1）温度每变化1℃，所吸收或放出的热量是1000卡（也就是1大卡）。

在热量表的实际应用中，考虑到导热介质水是流动的，并且在不同压力和温度下水的比热也是变化的，所以在具体应用热量定义时，就形成了两种常用的热量计算方法，它们是：

一、K系数法公式

$Q=\int_0^v K\triangle t\cdot dv$ ……………………………（1）

其中：Q——载热液体从入口至出口释放（或吸收）的热能，KW·h（千瓦·时）

V——载热液体流过的体积m^3（立方米）；

Δt——热交接口路中，载热液体入口处和出口处的温差；℃（度）；

K——热系数，它是载热液体在相关温度、温差和压力下的函数，〔KW·H/m^3℃〕。

按照国家计量检定规程JJG225—2001附录，计算出入口处的热系数K值，代入公式（1）进行热能计算。

热量表中，采用公式（1）计算热量的方法称为K系数法。需要注意的是，在同样的压力和进回水温度下，对应于流量计的不同安装位置（指安装在系统的进水端或回水端），所应该采用的K值是不同的，而且，一般国外的产品默认的安装位置是回水端，而国内的产品默认位置是进水端。

二、焓差法

公式（2）比焓差法：

$Q=\int_0^t q_m.(h_1-h_2).dt$ …………………（2）

式中：Q—— 吸收或释放的热量 K J（1KJ＝0.278×10^{-3} KW·h）

q_m—— 流经热能表中载热流量的质量流量 kg/s （$q_m=Q_m\cdot\rho$）

h_1—— 热交换回路入口温度对应的载热液体的比焓值（KJ/kg）

h_2—— 热交换回路出口温度对应的载热液体的比焓值（KJ/kg）

t —— 时间，S

采用公式（2）计算热量的方法称为焓差法。焓差法的特点是，不受安装位置的限制（同一块表安装在进水端或者回水端结果一样）。K系数法的计算公式简单，易于掌握，计算精度较高，但数据处理量大，且仅适用于1.0Mpa以下的热力系统。焓差法计算公式复杂，不好掌握，但数据处理量小，适用于1.0Mpa以上2.5Mpa以下的热力系统。由于单片机的存贮空间有限，所以国内开发生产的热量表大多采用焓差法。

1.3.2热量表的基本结构

一、热量表的总体结构

一套完整的热量表无论何种款式均由三个基本部分组成：

●一台流量计，用以测量流经热交换器的载热流体的流量。

●一对温度传感器，用以分别测量载热流体在热交换器的进水和出水温度。

●一台热能积算器，根据与其相连的流量计和温度传感器提供的载热流体流量和进出水温度数据，通过热力学计算公式计算出用户热交换系统释放或吸收的热量，并对相应数据进行处理。

二、流量计的结构与种类

流量计的主要功能是计量热交换系统的体积流量，并在积算器的控制下，将流量示值转换成电信号向积算器输出。当前热量表采用的基本上是机械式流量计、超声波式流量计和电磁流量计，所以这里只详细介绍这两种流量计。

（一）机械式（叶轮式）流量计

机械式流量计通过叶轮的机械转动来计量流量，它的外部是铜制的壳体，液体进入壳体后，推动叶轮转动，形成计量。同时，叶轮的转动情况通过不同的传感方式，向积算器输出电子信号。机械式流量计又因为具体的结构差异，可向下细分为如下几种：

1.单流束流量计

其结构特点是水流进入壳体后，只成一束沿固定的方向从叶轮一侧冲击叶轮并形成叶轮的转动。根据叶轮与齿轮组的传动方式的不同，这样的流量计又分为：

（1）干式单流束流量

叶轮的转动情况经过叶轮上的磁环，通过磁力偶合的方式带动齿轮组来传输流量信号，这种结构特点是计量的液体被隔离在叶轮以下部分，与齿轮组及指针是分开的。

（2）湿式单流束流量计

叶轮的转动情况经过叶轮上的齿轮直接带动一套齿轮组来传输流量信号，这种结构的特点是计量液体浸没所有叶轮、齿轮组及指针。

2.多流束流量计

它的结构特点是水流进入壳体后，先由叶轮盒将水流分成多束并形成旋转，再均匀地推动叶轮形成转动，而其他方面与单流束流量计相同。多流束流量计也可向下细分为：

（1）干式多流束流量计

叶轮的转动情况通过磁环偶合到齿轮组，并由指针向外输出。

（2）湿式多流束流量计

叶轮的转动情况通过齿轮直接传动到齿轮组，并由指针向外输出流量信号。

3.标准机芯式（电子式）流量计

它的结构特点是壳体中只有叶轮部分，而没有齿轮组。叶轮上有一个特殊的半金属片，叶轮的转动情况是直接向积算器输出而省去了齿轮组部分。根据水流束的不同，电子式流量计也分为多流束和单流束两种。

（二）超声波流量计

它的结构特点是壳体内无可动部件，计量原理是通过一组超声波探头来测量超声波在水流中的流速，目前大多采用时差法来计量水的流量。测量腔体无可动部件，但当前为降低成本而采用的超声时差法，测量腔体内却存在阻流元件——超声反射柱。测量腔体内这一阻流元件的存在，使超声波热能表同机械叶轮式热能表一样，不仅会产生较大的压力损失，而且也存在堵塞的可能（尤其当载热流体含“絮状物”时），同时，由于是用超声波测量管道的流速，如果被测管壁或超声波反射片出现结垢层，将导致超声波发生折射或无法反射，从而极大地影响测量的精度和工作的可靠性、稳定性，甚至无法正常工作。

（三）电磁流量计

电磁流量计是利用法拉弟电磁感应定律的原理来测量导电液体体积流量的仪表。由于采用的是电磁感应原理，因此对于测量腔体内被测流体的温度、粘度、压力和液固成分比的变化、水质状况是否存在颗粒状杂质、甚至少量的气泡以及出现“絮状物”等，或者测量腔体是否结水垢都不影响流量的检测结果。其次它的测量腔体内既无可动部件又无阻流元件，可以视为是一根直管段。不存在堵塞问题，而且压力损失也可以忽略不计。此外，其工作原理是对整个流速场流束全截面采样计量（即全速平均采样），因此测量的准确度比较高。然而，传统的电磁流量传感器结构复杂，制造加工工艺相当繁琐，因而生产成本极高。此外，电磁流量传感器工作时需要一个相当稳定的励磁感应磁场，功耗相对较大，因此目前只能采用220V市电或直流24V供电的不足之处。

（四）沃特曼式流量计

特点是采用特殊的计量元件与腔体，目前只有在大口径热量表中有少量应用。

三、积算器的结构

热量表的积算器的功能是根据与其相连的流量计和温度传感器提供的载热流体流量和进出水温度数据，通过热力学计算公式计算出用户热交换系统获得或吸收的热量，一般由低功耗的单片机和LCD组成，也可根据需要集成（RS485或MBS）数据远传通信接口、阀门控制接口、IC卡读写接口等，其形状因热量表的不同而各异。热量表的温度传感器一般都通过外部壳体直接与积算器相连，而流量传感器则在内部与流量计相连。积算器上常见的器件是单片机、液晶片、按键、通讯接口等。

而对于电磁式热量表配用的应该是运算转换器，它除了具备上述积算器的基本功能外，还应具备将电磁流量传感器感应的流速物理量转换为电信号以供积算器进行运算处理等功能。

四、温度传感器的结构

目前的热量表大多采用铂电阻作为温度传感器，虽然有的用PT1000、PT500或PT100等不同分度，但它们的外型与结构比较统一，符合CJ 128-2000设计制造，在一些辅件上基本可以相互替换。但由于传感器本身在安装前须进行精确配对，因此一旦安装到表体上，就不能替换。

还有温度传感元件DS18B20构成的数字式温度传感器，采用了数字信号输出的技术，这种温度传感器采用3芯带屏蔽导线，使得温度信号更加不易被干扰，解决了温度测量的导线延长和抗干扰问题，但由于其元件精度仅为±0.5℃，而且环境温度对测量精度影响较大，必须逐段进行修正测温精度才能达到±0.1℃。因此对于量大面广的热量表不太适宜。

1.3.3热量表市场已形成产品的主要类型概况

当前热量表市场已形成产品按照配用流量计结构和原理的不同，可分为机械式（其中包括：涡轮式、孔板式、涡街式）热量表、超声波式热量表、电磁式热量表等三种类型。

一、机械式热量表

机械式热量表是采用机械式流量计的热量表的统称。机械式流量计的结构和原理与热水表类似，具有制造工艺简单、相对成本较低、性能稳定、计量精度相对较高等优点。目前在DN25以下的户用热量表当中，无论是国内还是国外，几乎全部采用机械式流量计。

机械式热量表具有经济、维修方便和对工作条件的要求相对不高的特点，在热水管网的热计量中占据主导地位。机械式热量表的结构如图1–1。

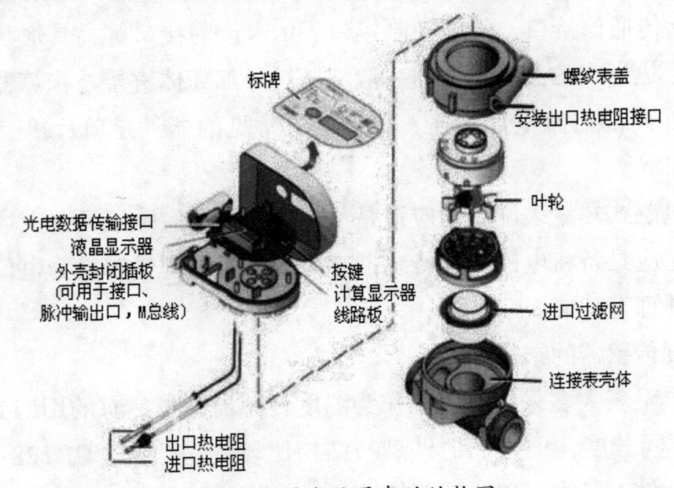

图1–1 机械式热量表的结构图

二、超声波式热量表

超声波式热量表是采用超声波式流量计的热量表的统称。它是利用超声波在流动的流体中传播时，顺水流传播速度与逆水流传播速度差计算流体的流速，从而计算出流体流量。测量管内无可动部件，堵塞问题不太严重，对测量介质无特殊要求；对安装无特殊要求，既可水平安装亦可垂直安装。能满足腐蚀性载热流体对测量的要求；相对于机械式热量表具有压损小，不易堵塞，精度高等特点。超声波式热量表测量腔体的结构如图1–2。

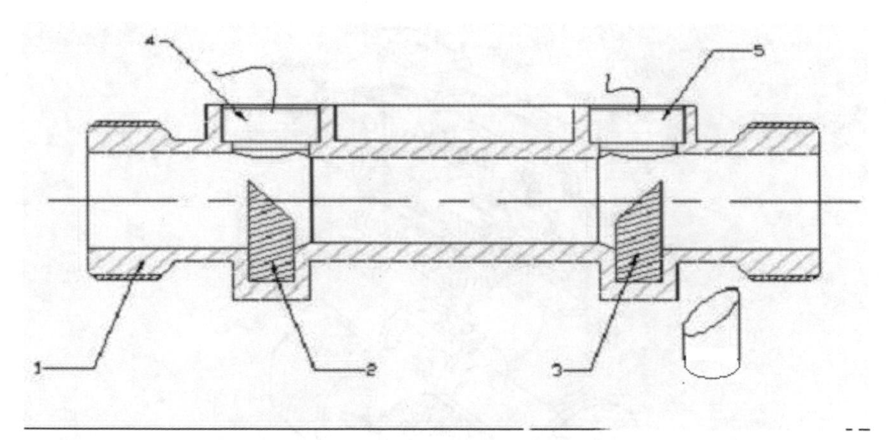

1—测量腔体　　2、3—立柱式超声波反射体　　4、5—超声波换能器

图1-2 超声波式热量表测量腔体的结构图

三、电磁式热量表

电磁式热量表是采用基于电磁感应原理的电磁流量计作为流量传感器的热能表的统称。图1-3为电磁式热量表的电磁流量传感器传统的整体结构图。

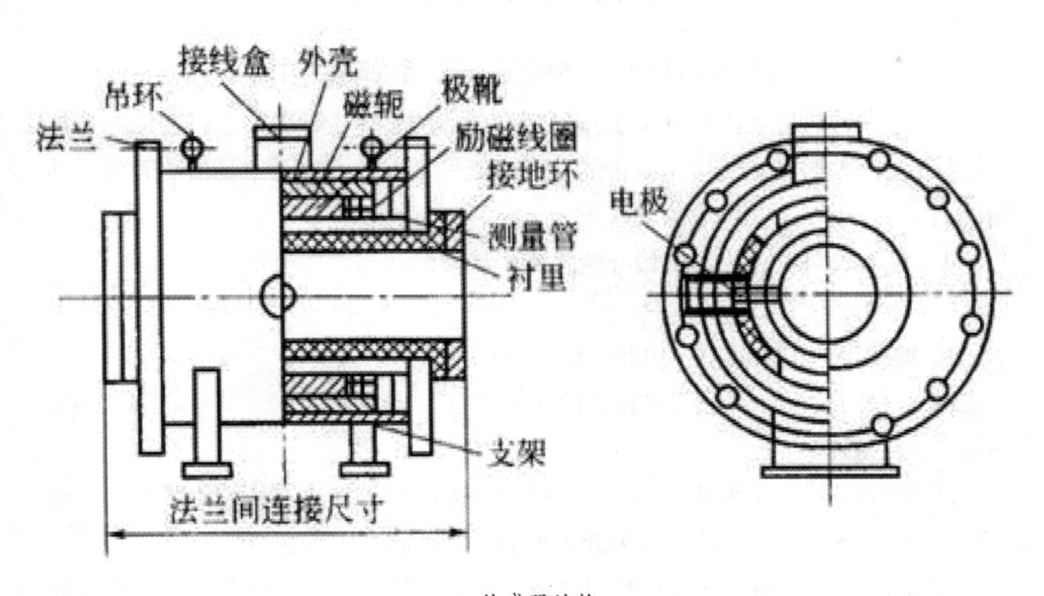

传感器结构

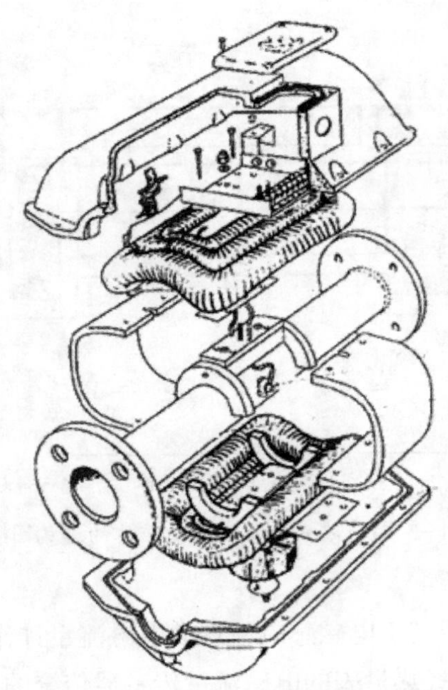

图1-3 电磁流量传感器整体结构图

1.3.4三种主要类型热量表基本性能和功能优缺点对比

根据这三种热量表由其基本工作原理、仪表的整体设计方案、仪表的制造加工工艺以及仪表的安装使用所决定的基本性能、基本功能以及市场潜力和发展前景作对比：

一、机械式热量表（用机械叶轮式流量计检测载热流体流量）

（一）特点

1.结构和生产工艺简单，因此价格低廉；

2.功耗相对较低，可采用内置式锂电池供电。

（二）缺点

1.易损件较多，可动部件叶轮的存在极易造成其本身及测量腔体结垢，甚至堵塞，尤其水质差时更为严重，因此工作的可靠性和稳定性相对较低；

2.可动部件叶轮轴芯在较长时间或较高流速运行后极易磨损，水质带有腐蚀性时尤为突出，因此工作的耐久性较低，使用寿命相对较短；

3.其测量腔体内叶轮的存在会产生较大的压力损失，降低了供暖管网输送能力，尤其对旧管网改造带来困难；

4.对流体的流速也有一定的要求，流速较低时不能有效计量。

二、超声波热量表（用超声波式流量计检测载热流体流量）

（一）特点

1.测量管内无可动部件，堵塞问题相对于机械式热量表不太严重；

2.安装无特殊要求，既可水平安装亦可垂直安装；

3.能满足腐蚀性载热流体对测量的要求。

（二）缺点

1.超声波式热量表采用传播时间时差法单声道的超声波检测流速，由于所测量的流速是声道上的线平均流速，是仅对超声波束通过流速场横截面的那一局部采样检测流速（即点速采样），而计算流量所需是流通横截面的面平均流速，二者的数值是不相同的，其差异取决于流通横截面流速的分布状况，专业人士都知道，流速场横截面的流速分布绝不可能是均匀的，何况目前结构的超声波热量表测量腔体内还存在二个立柱式超声波反射体阻流元件。因此这种以点代面的检测流速的采样工作模式的假设前提是整个流速场在一个截面上是均匀且稳定的，这种工作状态显然只有在检定装置上才有可能存在，现场工况是绝不可能的，更何况目前结构的超声波热量表根本未考虑用任何方法对流速分布进行补偿。这就使超声波热量表在现场使用检测流速场的平均流速时出现极大的偏差，从而为超声波热量表在现场使用的精确度质量埋下了隐患，而如采用多声道的超声波检测方式，价格又相对较高，市场难以承受。

2.现阶段的市场上，普遍认为在目前中国供热水质不好的情况下，机械式热量表容易堵，而超声波热量表本身因没有可动部件，所以不会产生堵塞的现象，对此问题需进行探讨。

首先，普遍认为机械式热量表容易堵塞通常是指有比较大的颗粒物卡住了可动部件的实物堵塞，而导致无法计量。但是，对于户用超声波热量表，由于其立柱式超声波反射体一般位于管道中央，导致通道过水的面积减少很多，稍大的颗粒物也容易产生堵塞现象。因此，超声波热量表也可能出现实物堵塞的现象。

其次，由于超声波热量表测量对超声波的反射角度等的反射质量要求比较高，因此，反射柱的反射面必须保持良好的光洁度以保证超声波的反射质量。在采暖系统中，由于水质硬度的问题，导致结垢的现象出现，而且，一般停暖期都在半年以上，在此期间，水中的“絮状物”等颗粒杂质丝状物也会产生沉降现象。当反射柱的反射面结垢或者附有“絮状物”等颗粒杂质丝状物时，流体流动丝状物会产生摆动，严重影响超声波的传播方向等反射质量，接收端可能无法接收到超声波信号，导致仪表无法计量而出现计量堵塞，这种计量堵塞的后果同实物堵塞的后果是相同的。同样为超声波热量表在现场使用的长期工作可靠性质量埋下了隐患。

第三，对于有些供热系统，其水中的小颗粒物体基本上呈均匀分布的状态，这些小颗粒物体对于机械式热量表的计量不会产生影响。但是，这些颗粒物体对超声波的传播方向会产生影响，当颗粒物体的密度增大到一定程度时，所计量的数据与实际情况会出现很大的误差，进而影响到数据的精度，导致收费纠纷的产生。

此外，在采暖系统中，高温水会在管道壁上形成气泡，以及在流过弯道时水流产生的湍流，这些都会给超声波热量表的流量计的计量精确度质量埋下隐患。

因此采暖系统的供水水质对超声波热量表的测量性能和长期可靠性也有较大的影响，为此要求对载热流体作除垢处理，如同机械式热量表一样，也要求在表具直管段前的进水口处安装过滤器，而且要求每个表具安装时，配备相同安装尺寸的“替用空管”，以便在每次正式供热前对供热系统进行管道冲洗时，在表具的工位上先安装此替用空管，待系统管道冲洗完成后，再正式安装热量表，否则极有可能造成热量表尚未使用已经损坏的严重后果。可想而知，这样每年的维护工程该多烦琐。众所周知，国内集中供热的水质比较特殊，不仅“硬度”较高，高温下极易结垢，而且存在各种颗粒状杂质（如磁化粒子、铁屑杂质等）、少量的气泡以及出现“絮状物”等。因此，对于采用超声波式流量计检测载热流体流量的超声波热量表，必须高度重视并多方考虑由此产生的质量隐患。

3.在人们的概念里普遍认为超声波热量表的流量计因无可动部件而比机械热量表的流量计寿命长，但忽略了一点：任何结果都有其前提条件。超声波流量计是用两个超声波振子分别顺流向和逆流向同时发出超声波信号，顺流向的超声波信号先于逆流向的超声波信号到达相对的振子，利用超声换能器把两个接收信号的时间差转换成流量。因此超声换能器是超声波流量计的核心部件，直接关系到其使用寿命。

我们知道在供热计量中，采暖供水介质的温度较高，而超声换能器与管道壁的接触靠的是硅油，硅油在长期高温状态下运行会逐渐老化进而影响其使用效果，进而影响到超声换能器的寿命。而超声换能器是无法修复的，也就是说一旦超声换能器发生损坏则必须更换整台超声波流量计。而在制冷系统中，因为超声波流量计的超声换能器及相关的电子电路都是紧贴在供水管道上的。在夏天制冷的时候，由于管道中是冷冻水，会使超声换能器的表面温度很低，从而使空气中的水气进入超声换能器。因为超声换能器是紧贴在供水管道上的，而超声换能器的外壳和供水管道的材质不同，所以它的膨胀系数是不同的，因此不能保证冷凝水不会进入超声换能器内部。而一旦冷凝水进入超声换能器内部，则会造成超声换能器短路，使整台超声波热表不能工作。由此可见，当前超声波热量表的结构型式对超声换能器的工作可靠性和工作寿命埋下了质量隐患，进而给超声波热量表的工作可靠性和工作寿命埋下隐患。

4.超声波信号在流体中的传播速度以及超声换能器的性能对温度都比较敏感，而就目前生产的超声波热能表表型几乎均未采取温度补偿措施，而现场工况温度的变化又是客观存在的，这也为超声波热能表在现场使用的质量埋下了隐患。

5.超声波热能表测量腔体无可动部件，但当前为降低成本而采用的传播时间时差法，测量腔体内却存在阻流元件——一对立柱式超声波反射体。测量腔体内这一阻流元件的存在，使超声波热能表同机械叶轮式热能表一样，不仅会产生较大的压力损失，而且也存在堵塞的可能（尤其当载热流体含“絮状物”时）。因此，这不仅降低了供暖管网输送能力，尤其对旧管网改造带来困难，同时也给超声波热能表在现场使用的质量带来了隐患。

6.超声波热量表的流量计在安装使用上较为严格。由于超声波流量计所测的流量依赖的参数为声波的传导时间，故水流的平缓与否对其十分重要，需要足够的直管段才能消除水中影响超声波传播质量的气泡，因此对直管段要求十分严格。若不能保证足够的直管段，水流过急甚至造成湍流或者产生气泡，都会对其计量精度产生很大的影响。因此对超声波流量计前端安装的不同设备，如水泵、弯头或阀门均有不同的严格直管段要求。此外，超声波热量表对流体和测量环境的震动状况比较敏感，过大的震动也会较大地影响测量的准确度和可靠性。

7.超声波热量表的关键部件超声波换能器是属于功耗较大的器件，据了解，目前为降低功耗，实现户用型超声波热量表内置式锂电池供电，业内大多数户用型超声波热量表表型普遍采用分离型“休眠”的工作模式，也就是对检定状态和工作状态的流量信号和温度信号均采用不同数值的信号采样间隔时间（检定状态通常为1～2秒，而工作状态时通常为30～60秒）。深入分析这种分离型“休眠”的工作模式，把检定状态和现场工作状态人为地分隔开来设计为二个不同的采样间隔时间，致使仪表处于检定状态（信号采样间隔时间1～2秒）被检定了，而仪表现场工作状态（信号采样间隔时间30～60秒）没有被检定，但通过这种分离型“休眠”工作模式却“被”检定了。根据计量管理法则计量量值的统一性（一致性）这一最基本的法则，计量仪表必须遵循检定状态（信号采样间隔时间1～2秒）和现场工作状态（信号采样间隔时间30～60秒）计量量值的统一性（一致性）和可追溯性。因此，如果遵照上述基本法则把检定状态和现场工作状态的信号采样间隔时间统一设计为1～2秒，则超声波热量表内置式锂电池的容量不可能达到内置电池的使用寿命应大于（5+1）年的标准要求，而如果把检定状态和现场工作状态的信号采样间隔时间统一设计为30～60秒，其内置式锂电池的可使用容量扩大了30～60倍，内置电池使用寿命达到了大于（5+1）年的标准要求，但信号采样的分辨率和测量精确度却下降了30～60倍，从而使超声波热量表流量传感器面临测量精确度难以达到标准要求的后果。因此可以认为，超声波热量表为能够采用内置式锂电池供电并满足内置电池的使用寿命而采用上述分离型“休眠”的工作模式，其结果既掩盖了这种分离型“休眠”的工作模式给仪表现场工作状态的工作性能带来的计量精确度的不确定性，又逃避了被检定的风险，因此从某种意义上带有蒙蔽消费者之嫌。此外，这种把仪表检定状态和现场工作状态对应二个不同的采样间隔时间的工作模式，违背了计量管理法则计量量值的统一性（一致性）这一最本质的特征，同时也隔断了计量量值传递的量值溯源链，破坏了测量结果或测量标准的量值能够与规定参考标准（通常是国际或国家计量基准）联系起来的基本特性，众所周知，任何计量仪表制造单位或计量仪表检定机构实际上承担着某一计量仪表或某一地区的计量量值合法、真实、科学、有效的传递工作，因此很显然，为了达到低功耗而采用这种分离型“休眠”的工作模式是绝对不可取的，也应该是不能允许的。

三、电磁式热量表（用基于电磁感应原理的电磁流量计检测载热流体流量）

（一）特点

1.测量管道与管路管径一致，测量腔体内既无可动部件又无阻流元件，可以视为是一根直管段。不存在堵塞问题，而且压力损失也可以忽略不计，因此不仅工作的可靠性和稳定性很高，而且工作的耐久性和工作寿命都特别长；

2.电磁流量传感器的工作原理是对整个流速场的平均流速进行全截面采样计量（即全速平均采样），因此测量的准确度比较高，因此，不少液体流量标准检验装置，其中包括热量表热水流量检验装置基本上都选用电磁流量计作为检验装置的标准仪表。就目前热量表所能采用的流量传感器技术市场看来，只有采用基于电磁感应原理的电磁流量计检测载热流体流量的电磁式热量表，才可能设计并制造出精确度为Ⅰ级的热量表；

3.由于采用的是电磁感应间接测量原理，被测流体的温度、粘度、压力和液固成分比的变化、水质状况是否存在颗粒状杂质、甚至少量的气泡，或者测量腔体是否结水垢都不影响流量的检测结果；

4.仅就被测流体的温度不影响流量的检测结果这一特点，对于采用电磁流量传感器作为检测载热流体流量的（电磁式）热能表，当采用分量检定时，对其主要组成部分电磁流量传感器的检定水温可以不作限定，亦即可以在常温水下进行检定，这样，就可以较大地简化型式检定、出厂检定（首次检定、后续检定、使用中检验）的检定设备，从而可以较大幅度地降低相关检定部门和机构的设备投资，也可极大地有利于热能表的推广应用；

5.通径从小到大，系列齐全，测量精度相同，而且流速越大（$\ngtr$15 m/s），越可保证高精度。因此，对于采用低温差高流速的供热取暖方式，更能发挥电磁式热能表的优良性能特点；

6.对管道及环境的震动适应性较强；能满足腐蚀性载热流体对测量的要求；安装也无特殊要求，既可水平安装更能垂直安装；

7.根据电磁流量传感器的基本工作原理可知，对于流量的测量误差，除了传感器测量管的内径D、磁感应强度B和感应电动势E_i以外，与其他物理量的变化无关。这是电磁流量计最大的优点，正是这一优点使电磁流量传感器的在线校准成为可能。近期，中华人民共和国住房和城乡建设部批准了标准号为CJ/T364-2011的《管道式电磁流量计在线校准要求》作为城镇建设行业产品标准，并自2011年10月1日起实施。这也为电磁式热量表实施在线校准创立了法律依据，从而大大简化了热量表的首次检定、后续检定、使用中的定期复校程序，也就可以节省大量的人力、物力、财力，同时也大大降低了热量表的综合成本。

（二）缺点

1.基于电磁感应的工作原理，限制了电磁流量计只能测量导电性液体作为载热流体的流量（热量）。这一限制，对于以供水为载热流体的集中供热取暖系统，是没有任何限制意义的。

2.传统的电磁流量传感器结构复杂，制造工艺繁琐，生产成本极高，因此产品的价格也相对很高，正由于这一原因而大大限制了性能优良的电磁流量计在民用领域的推广应用。尤其对于量大面广的如户用型的热量表，即使暂不考虑成本和价格，如果结构复杂、制造工艺繁琐，就难以实行半自动化的流水线生产，这样单从生产数量上就不可能满足数量庞大的民用市场的需要。这就是电磁式热量表特别是户用型的电磁式热量表迟迟难以进入市场的主要原因。

3.电磁流量传感器工作时需要一个相当稳定的励磁感应磁场，功耗相对较大，因此不经过特殊的技术处理，只能采用220V市电或24VDC外接电源供电，这就可能产生两大弊端：

（1）外接电源供电电网的故障完成叠加在依赖外接电源供电的仪表上。目前，电源供电电网的故障率尤其是人为计划性的停电频率还是比较高的。供电电网故障或人为的停电致使外接供电电源缺失，造成仪表在该时段无法工作。这对于作为终点贸易结算的主体仪表，就会失去贸易结算的收费依据，这不仅可能给贸易结算双方的某一方带来损失，甚至导致收费纠纷或社会纠纷的产生。

（2）外接电源供电为人为攻击干扰仪表的正常工作提供了便利的条件和可能。有专家指出，对于贸易结算的民用计量或控制电子仪表（如冷水水表、热水表、热量表等），无论你有什么优势、价格如何便宜，如果安装在失去监管的环境，后果不堪设想，如果采用，可以断言以下两点至关重要：一是安装在用户无法接触的仪表间，二是实时远程监控。可想而知，对于贸易结算型的民用计量或控制电子仪表的设计过程中，除了要考虑自然界中电场和磁场等的天然攻击干扰外，还必须考虑各种人为攻击干扰是何等重要。

因此，依赖外接电源供电，这也是目前的电磁式热量表特别是户用型的电磁式热量表迟迟难以进入市场的重要原因。

1.3.5供热计量热量表的发展历程、市场现状和前景预测

一、热量表的发展历程

中国热量表的自行研制开始于上世纪的90年代。根据专利文献，中国最早研制“采暖用热量表”的是山西的一位教师。1989年，中国政府有关领导开始关注集中供暖的民用建筑计量收费的问题，将欧洲赠送给中国作为借鉴的热表交给有关单位研究。1990年，热量表专用电路模块曾被列入国家“七·五”科技攻关课题，进行研究仿制。 1992年国家技术监督局和国际法制计量组织中国秘书处翻译出版了OIML—R75国际建议——《热能表》。1994年以后，一些中小型企业自发地开始了户用热量表的开发工作。

1997年，欧洲《热量表》标准（EN—1434）发布之后，逐渐被我国所了解和重视。包括中国科学院、清华大学、航天部、兵器部等直属的科研院所、高等学校的科技人员， 先后以与企业合作或者自己投资等多种形式，对热量表开始了真正意义的研制开发工作。

2000年2月18日，建设部发布的“76号令”——《民用建筑节能管理规定》规定：“新建居住建筑的集中采暖系统应当实行供热计量收费”“鼓励发展分户热量计量技术与装置”，进一步激励了中国热计量仪表产业的热情。在此期间，建设部主持的关于《热量表》国家行业标准的编制工作过程中，对国内开发、生产热量表的企业单位起到了启发和帮助的作用。

继建设部2001年2月5日发布、6月1日起实施《热量表》标准（CJ128—2000）之后，2001年12月4日，国家质量监督检验检疫总局发布了《中华人民共和国国家计量检定规程（JJG225—2001）—热能表》，并规定2002年3月1日起实施。这两个国家标准和规程，都是以最新的国际标准为参考和依据的。中国的热量表从法制上建立了关于生产标准和技术检定的完善的质量保证和监督的体系。

2003年7月24日，建设部、国家发改委等八个部委印发了《关于城镇供热体制改革试点工作的指导意见》。现在，遍及全国15个省、区的47个城市，已经在

进行：在集中采暖的新建居住建筑系统中，推行温度调节和户用热量计量装置，按热量计量收费的系统的试验工作。中国的热计量仪表产业出现一个既存在广大的市场又面临严格的质量考验的新局面。国产的热量表面对竞争日益激烈的国际化大市场，如何保证能真正符合国家标准，达到规定要求，满足中国供热体制改革工作的需要，已成为当前一个最重要的问题。

二、热量表的市场现状

十几年的供热计量事业发展使得我们已经由最初的依赖进口热计量仪表到目前国内已经有近200家热计量仪表生产企业，这其中有的企业规模已达到年产量30万块（套）以上，已经和欧洲的大型企业规模相媲美。目前中国的热量表企业已经正在摆脱从最初的单纯模仿国外产品的“初级阶段”，转向学习消化国外经验并结合我国近二十年热计量工作应用的具体实践经验，创造出适合中国国情的热计量仪表和装置。并且由单纯的研究、生产“热计量仪表”走向研究、生产以热计量仪表为主线，配合远传抄表系统的“能源计量服务系统”，从而真正发挥了供热计量系统工程的作用，为节能减排、保护环境和公平收费创造和谐社会提供了条件。在热计量设施快速发展的同时，到2012年采暖季结束，我国北方15个省、市、自治区累计实现供热计量收费面积达到5.36亿平方米，尽管这个数字仅为北方供暖面积的六分之一，但2012年供热计量面积比2011年供热计量面积净增了69%（2011年为3.17亿平方米），从这个统计结果看，供热计量改革确实取得了明显的成效。

三、热量表的前景预测

自从刚进入21世纪的2000年2月18日建设部发布“76号令”正式启动以供热计量为中心的供热体制改革以来，随着各级政府对供热计量改革工作给予前所未有的重视并逐年加大推进的力度，供热体制改革和供热计量市场获得了健康而蓬勃的发展，取得了明显的成效。

2012年以来，国务院为加快北方供热计量改革，再次下拨北方采暖区既有居住建筑供热计量及节能改造资金17亿元，加上之前预拨的36亿元，今年拨付资金已达53亿元。预计2012年将完成节能改造面积1.9亿平方米，近300万户居民将住上“节能暖房”。

住建部也明确表示：2012年将深化供热计量改革工作。开展供热能耗统计试点工作，研究建立供热能耗统计信息平台。加大供热计量收费监督检查力度，全面推进供热分户计量收费工作。督促知道北方取暖地区做好既有居住建筑供热计量及节能改造。

“十二五”期间，北方采暖地区地级以上城市达到节能50%强制性标准的既有建筑基本完成供热计量改造，实现按用热量计价收费。如果按照户均100平方米计算，截至2012年底，当年新增供热面积对热量表的需求为446万只，全国对热量表的累计总需求为5184万只。截至2012年年底，全国热量表累计销量910万只，市场渗透率仅为17.5%，未来发展空间巨大。当全面地推进计量收费后，预计2014年～2016年，热量表销量年均增速在30%以上。

因此，中国分户供热计量产业随着供热计量收费全面地推进，在未来几年将获得飞速发展，中国的热计量仪表产业，将是全世界最大最有潜力的产业。

1.4　电磁式热量表概论

1.4.1电磁式热量表的性能特点

一、DRAK8000型电磁式热能表的特点

众所周知，作为一个涉及到国计民生和千家万户切身利益的热能表，其最重要的性能特点必须保证高可靠性、高稳定性和高精度的所谓“三高”。某公司在开发研制DRAK8000型电磁式热能表时就是围绕着这一基本特点展开的。

（一）DRAK8000型电磁式热能表三个基本组成部分的特点

1.电磁流量传感器

某公司是专业制造和研发工业自动化仪表电磁流量计的高科技实体型企业。公司借助于雄厚的工业自动化仪表电磁流量计的开发研制能力，历时两年研制开发的最新专利技术“一种电磁流量传感器”（专利号：ZL200420090365.X）对传统的电磁流量传感器的结构进行了创新性的改革并突破了电磁流量传感器的传统

加工技术和加工工艺，使这一新型的专门用于热水流量检测的电磁流量传感器实现了结构简单、制造方便，达到了可以流水线生产的程度，为以相对低廉的生产成本较大幅度地下降产品的价格创造了条件，而且还全面保持了传统电磁流量传感器的优良性能。因此这种工业生产技术和生产工艺的移植，保证了产品性能的可靠性和稳定性，为此，2005年10月，建设部“暖通空调”专业杂志以“我国新型电磁式热能表在上海问世——电磁流量传感器技术取得重大突破”论文的形式公布了这一新技术。

2.测温传感器

选用符合国际和国家标准分度号为3850的Pt1000的配对厚膜铂电阻测温探头，这与Pt100或Pt500测温探头相比大大地提高了测量的信噪比。此外，对配对使用前的测温探头进行高低温多次冲击工艺老化，从而大大地提高了测温探头的可靠性和稳定性，也相应地提高了器件的使用寿命周期。

3.热能运算转换器技术特点

热能表运算转换器采用了多种新技术：

（1）采用先进的数字模糊算法技术，仪表工作稳定可靠、操作简便；

（2）高阻抗快速响应设计，实时采样无失真地采集微弱信号和快速响应信号的变化；

（3）采用出厂保存设置功能，使仪表的各参数万无一失；

（4）采用国际领先的励磁技术，励磁电路简捷，稳定可靠；

（5）提供传感器多段非线性修正和低流速扩展技术以及自动校零功能；

（6）大屏幕多参数同步显示各种参量以及各类报警信息；

（7）采用自校和自检功能电路。

这些技术的应用既保证了仪表运算的高精度，同时也保证了仪表的可靠性和稳定性。

（二）DRAK8000型电磁式热能表的性能特点

同当前热能表市场流行的机械式热能表和超声波热能表相比较，电磁式热能表具有如下优良的性能特点。

1.较高的质量稳定性和可靠性以及长寿命的运行周期。电磁流量传感器的测量腔体既无可动部件也无阻流元件，是一种典型的间接测量方法，不存在堵塞的问题。而且测量系统的结构紧凑，其测量腔体几乎就是一根直管段。这就从根本上决定了它较高的工作可靠性和稳定性以及长寿命的运行周期。对于目前的新建住宅热能表是打入购房成本的，房屋的业主是最终的购买者，如因运行寿命而引发的更换费用等问题，极可能产生社会纠纷，从而产生消极的社会影响。此外，稳定、可靠、长寿命的运行周期也将大大下降后续的维护和售后服务费用，从而也使周期使用综合成本大大下降。因此可行的计量表具无论从经济效益还是社会效益都为供热体制改革提供了一种可持续推行的解决方案，并将供热体制改革的社会成本降至最低。

2.持久而稳定的高精确度是电磁式热能表的又一性能特点，这是因为电磁流量计是全截面采样计量的，即每个流体质点都通过工作磁场，并切割磁力线而产生感应电动势，而并不是只测量流速场局部截面或流速场截面几个点上的流速。这一优良的性能特点可以为供热企业或物业公司创造更多而且可以预见的稳定经济收益。

3.电磁式热能表检测载热流体的测量腔体几乎就是一个直管段，而且其内径与管道管径相一致，因此流经热能表的压力损失几乎可以忽略不计，从而大大地减少供热系统压力源头的功耗，降低压力水泵的容量，有利于水力平衡和降低能耗，这对于一些旧区供热系统改造中完全可以避免由于考虑热能表的压力损失过大而可能迫使现有的供热网络面临升压和供热管道改造的困境。

4.电磁式热能表检测载热流体流量的原理是基于电磁感应原理，因此被检测的载热流体的温度、粘度、压力、成分比、水质状况是否存在颗粒状杂质、甚至少量的气泡，或者测量腔体是否结水垢都不影响流量的检测结果。这对于中国比较特殊的供热水质具有更加突出的优点，在供热管路中完全无需安置过滤器，在使用过程中也无需担心仪表堵塞卡死的问题，更无需要求每个表具安装时，配备相同安装尺寸的“替用空管”，以便在每次正式供热前对供热系统进行管道冲洗时，在表具的工位上先安装此替用空管，待系统管道冲洗完成后，再正式安装热量表，否则极有可能造成热量表尚未使用已经损坏的严重后果。从而也在很大程度上提高了仪表的可靠性。

5.如上所述，电磁流量传感器检测载热流体流量的检测结果，从原理上受载热流体的温度变化影响不大。为了从实际上验证这一点，近日，本公司在中国计量科学研究院对DN25用于热能表配套的电磁流量传感器进行了测量介质（水）温度变化的对比性能试验。试验数据表明，当测量介质温度分别为24℃和50℃时，电磁流量传感器的检测误差相对影响量仅为0.24％。因此，根据热能表国家检定规程的相关规定，对于采用电磁流量传感器作为检测载热流体流量的（电磁式）热能表，当采用分量检定时，对其主要组成部分电磁流量传感器的检定水温可以不作限定，亦即可以在常温水下进行检定。这样，就可以较大地简化型式检定、出厂检定（首次检定、后续检定、使用中检验）的检定设备。从而可以较大幅度地降低相关检定部门和机构的设备投资，也可极大地有利于（电磁式）热能表的推广应用。

6.对于作为性能最优良的电磁流量传感器应用于户用电磁式热量表进行热（冷）量计量很重大的一个弊病——220V市电供电，目前采用直流24V并借用现场楼栋管理器表具集中抄表系统通讯网络信号线路的直流24V工作电源，或者借用管道（计量）间中所安装的室温通断控制阀的直流24V工作电源，为户用电磁式热量表提供直流24V的工作电源予以解决，每个供热期耗电仅为15kWh左右，远低于采用可充电容量干电池作为供电电源的成本，还能减少干电池废弃后对环境所造成的污染。而且从供热开始日起可以同时启动供电进行计量和抄收，供热结束抄收完毕后自动断电，杜绝更换电池的不必要麻烦，因此是切实可行的。为防止人为恶意和电网本身各种原因的停电而造成热量计数据的丢失，该表特别设计可查询显示近期停电时各种数据记录200次。可以通过按键随时任意翻阅相应数据。此外本公司也即将推出采用干电池供电的电磁式热能表。

1.4.2电磁式热量表的现状

某企业从2004年开始关注热量表市场起就专注于电磁式热量表（用基于电磁感应原理的电磁流量计检测载热流体流量）的研发、现场试验探索、生产制造。经过近八年的“抗战”，概况如下：

一、该企业借助于雄厚的长期开发研制生产工业自动化仪表电磁流量计的能力，从2004年起开始研发适宜于户用的电磁式热量表。历时多年的试验探索，对传统的电磁流量传感器的结构进行了创新性的改革并突破了电磁流量传感器的传统加工技术和加工工艺，对于户用型的电磁式热能表，整个流量传感器除标准件外基本上全部由模具化部件构成，终于在热量表的流量传感器性能的提升方面取得了成效并申请取得了专利保护证书，从而使这一新颖的专门用于热水流量检测的电磁流量传感器实现了性能可靠、结构简单、制造方便，达到了可以流水线组装生产的程度，为相对低廉的生产成本和产品价格创造了条件，而且还全面保持了传统电磁流量传感器的优良性能。因此这种工业生产技术和生产工艺的移植，保证了相对低廉的户用电磁式热量表产品性能的可靠性和稳定性，也使户用电磁式热量表进入民用领域的热量表市场变成了事实。

目前，由这种新型电磁流量传感器构成的电磁式热量表产品已于2008年全国首家通过中国计量科学研究院电磁式类型热量表的型式评价试验并取得了上海市质量技术监督局颁发的通径范围可达DN20到DN500的热量表特种计量器具生产许可证（沪制00000329号）。因此，电磁式热量表在供热计量热量表市场尤其是户用热量表市场，肯定会有不可估量的广阔发展前景。可以预言，随着电磁式热量表生产技术和工艺水平的不断提高和升级，性能优良的电磁式热量表逐步取代热量表市场现有的机械叶轮式热量表和超声波式热量表是完全可能的。

二、该公司首先从较大口径（DN50～DN500）的供热站或区域用热量表开始现场试验，于2009年起至2012年初先后在天津某供热站安装了DN50～DN500的电磁式热能表总计27套。经过三个供热期的连续运行，证明电磁式热量表不仅计量准确（现场运行结果表明流量和热量在总管和分管上的检测数据比较吻合，且均在误差范围之内），而且稳定可靠。

三、产品于2011年在山东东营某小区安装了近千台前期设计的分体型户用电磁式热量表，经过一个供热期的连续试验运行，有些流量传感器出现了漏水的情况，这说明户用电磁式热量表流量传感器的防护等级原来按照IP65的要求所设计的密封结构是不能完全满足现场较高工作温度下长期工作的。因此必须按照防护等级为IP68（潜水型）的要求，重新设计户用电磁式热量表流量传感器的密封结构。根据上述现场运行信息，该公司现又设计生产了24V直流供电全密封型的一体化户用电磁式热量表。

四、对于作为性能最优良的电磁流量传感器应用于户用电磁式热量表进行热（冷）量计量很重大的一个弊病——220V市电供电，目前采用直流24V并借用现场楼栋管理器表具集中抄表系统通讯网络信号线路的直流24V工作电源，或者借用管道（计量）间中所安装的室温通断控制阀的直流24V工作电源，为户用电磁式热量表提供直流24V的工作电源予以解决，每个供热期耗电仅为15kWh左右，远低于采用可充电容量干电池作为供电电源的成本，还能减少干电池废弃后对环境所造成的污染。而且从供热开始日起可以同时启动供电进行计量和抄收，供热结束抄收完毕后自动断电，杜绝更换电池的不必要麻烦，因此是切实可行的。同时，为防止临时停电，而致使电磁式热量表停止计量带来的麻烦，他们不仅设计了可以记录断电时刻各种相应参数的断电记录功能，而且还可以为客户配置USP自动充、供电的应急电源，以保证断电48小时内电磁式热量表能维持正常的工作。

1.4.3电磁式热量表的发展趋势

众所周知，国内集中供热的水质比较特殊，不仅“硬度”较高，高温下极易结垢，而且存在各种颗粒状杂质（如磁化粒子、铁屑杂质等）、少量的气泡、甚至会出现“絮状物”等污染物。在这样比较特殊的集中供热水质现状下，目前集中供热安装使用的热量表（90%以上都是各种型号的超声波式热量表），由于存在一些致命的质量隐患，已经出现了较大面积的耐久性可靠性质量问题。中国城镇供热协会徐中堂理事长近期在接受记者采访时透露：从目前安装热量表的情况看，能够运行3年的热量表比例不足10%，能够运行一个采暖期的热量表比例不足30% 。如果不改变这种局面，不迅速提升热量表的整体质量，最终很可能导致热量表产业毁于一旦，并将严重影响供热体制改革的进程和节能减排目标的实现。

由于电磁式热量表在性能上特别是工作的长期耐久性可靠性方面具有无可比拟的突出优点，因此，在供热计量热量表市场尤其是户用热量表市场，肯定会有不可估量的广阔发展前景。

对于电磁式热量表目前存在的两大弊病——高成本和外接电源供电，上述某公司在已基本解决了高成本弊病的基础上，正着力微功耗设计，以解决采用内接干电池供电，从而尽可能抑制人为攻击干扰的问题。

可以预言，随着电磁式热量表生产技术和工艺水平的不断提高和升级，性能优良的电磁式热量表逐步取代热量表市场现有的机械叶轮式热量表和超声波式热量表是完全可能的。

第二章　电磁流量传感器

2.1 流量测量的基本概念

2. 1. 1流量

一、流量

流体在任何形状、一定面积的横截面内流动，流过该截面的体积或质量对单位时间的比值称为流量。用流过的体积与单位时间的比值来表示流量时，称为体积流量（或容积流量）。用流过的质量与单位时间的比值来表示流量时，称为质量流量。

流量的测量对象是管路、渠道和河流中的流体。所谓流体流量，就是指流过一定面积横截面的管路、渠道或河流中流体的数量。

当流体的流动速度（即流速）遍及整个横截面，且均为相同状态时，设流速为v，则横截面A内所流动的体积流量q_V，由式2–1表示。

$$q_V = v.\ A \qquad （式2–1）$$

质量流量可用q_m表示，质量流量与体积流量的关系，可用式2–2表示。

$$q_m = \rho\ .\ q_V \qquad （式2–2）$$

式中：ρ —— 流动流体的密度（单位：kg / m^3）

体积流量常见的单位有：　米^3 / 秒（m^3 / s）、米^3 / 时（m^3 / h）、升 / 秒（L / s）、升 / 分（L / min）等。

质量流量常见的单位有：千克 / 秒（kg / s）、千克 / 分（kg / min s）、千克 / 时（kg / h）、克 / 秒（kg / s）、千克 / 分（kg / min）等。

流量实际上具有瞬时的概念，因此，流量通常又称为瞬时流量。

二、总量

总量又称为累积流量，其概念是在一段时间内流过一定面积横截面的总体流体量，在数值上用式2–3、2–4表示。

累积体积流量 $Q = \int q_V \cdot dt$　　（式2–3）

累积质量流量 $M = \int q_m \cdot dt$　　（式2–4）

2.1.2流体的流动特性和流速分布

一、流体的流动特性

由于液体粘性的存在，使液体在管道或渠道内流动时呈现出两种性质完全不同的流动状态：即层流流动和紊（湍）流流动。

当管道或渠道内流动液体的全部质点都是以相互平行而不相混杂的方式分层地流动，也可以说，管道或渠道内流动的液体可以看成与管道或渠道同轴的许多液体层面，每个层面内液体流动的速度相同，并且只沿着管道或渠道的轴心方向分层的流动，称为层流。

当管道或渠道内液体流动的速度增大到一定数据后，流动液体的全部质点不再是有秩序的分层流动，而是相互混杂、交叉穿插，即流体除了作轴向流动以外，还伴有径向流动。这就称为紊流，也称为湍流。

当流动液体作层流流动时，随着流速的增加并达到某一数值时，层流会转变成紊流。反之，作紊流流动的流体在流速逐渐减低到某一数值时，紊流也会转变成层流。从一种流动状态转变成另一种流动状态时的流速称为临界流速。其中，由层流状态转变成紊流状态时的流速（在此期间流体的流速呈上升变动）称为上临界流速，反之，由紊流状态转变成层流状态时的流速（在此期间流体的流速呈下降变动）称为下临界流速，而且实验证明，下临界流速远远小于上临界流速。

英国科学家雷诺用实验证明：临界流速与流体的密度、管道管径和流体的运动粘度系数有关，并根据相似理论和量纲分析，引入了一个表征流体流动特性的参数——雷诺数，并得出雷诺数实际上等于流体流动时其惯性力与粘滞力之比的结论。

从雷诺数的大小可以判别出流体流动的状态，一般当管道的雷诺数Re＜2320时为层流状态；当雷诺数Re＝2320～12000时为过渡状态；而当雷诺数Re＞12000时为紊流状态。

二、流速分布

在管道横截面上流体速度轴向分量的分布模式称为速度分布。这是由于实际流体都具有粘性而造成的。一般的规律是，越靠近管壁，由于流体与管壁的粘滞作用，流速越小，管壁上的流速为零；越靠近管中心，由于流体与管壁的这种粘滞作用越小，流速就越大，管道中心的流速达最大值。

在管道截面上，流体质点的速度各不相同。靠近管壁处，质点的运动受到管壁的阻滞，速度很慢。靠近管道中心，质点的流速达到最大。流速在管道截面上的变化规律因流态而异。

理论计算和实验都已证明，层流时流体在圆管截面上的流速呈抛物线规律分布。在管道中心处的最大流速V_{max}为平均速度V_p的2倍，即（图2–1）所示。

在湍流流态下，情况比较复杂。这时，流体质点除了沿管道轴线方向流动外，还在截面上的横向运动产生旋涡。虽然在作恒定流动时，对于整个管道截面来说，流体的平均流速是不随时间而变的。但由于截面上流体质点随时在交换位置，所以截面上某一固定位置上流体质点的流速也随时在脉动。由于作恒定流动，这一点上流体质点的速度在每隔一定时间内都出现一固定不变的平均值，称为时均速度。湍流时截面各点上的流速就是指这种时均速度而言的。

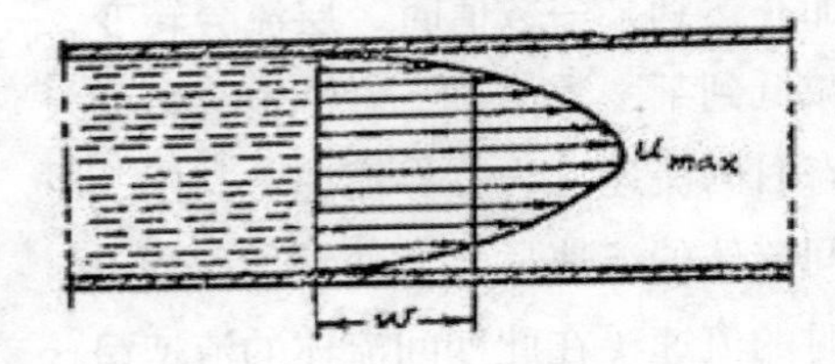

图2–1 层流时流体在圆管截面上的速度分布

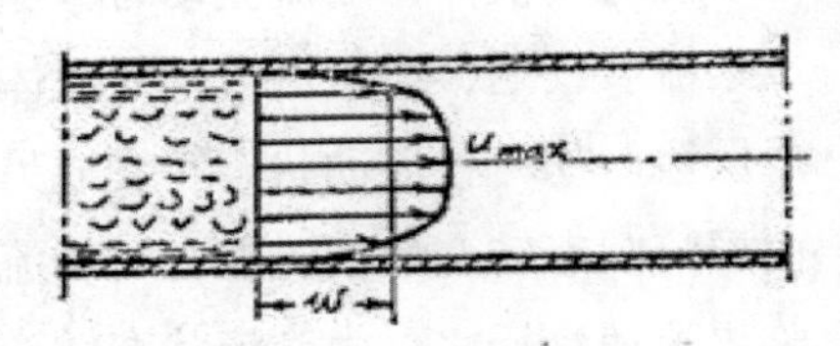

图2–2 湍流时流体在圆管截面上的速度分布

图2–2所示为根据截面上各点的时均速度来描绘湍流时的速度分布曲线。与层流时流速分布曲线相比较，在管道中心线四周区域内，湍流时的速度分布比较均匀，这是因为流体质点在截面上作横向的脉动之故。如流体湍流程度愈激烈，即雷诺数Re值愈大之时，流速分布曲线顶部的区域就愈广阔而平坦。

根据实验数据，在不同的雷诺数Re值之下，圆形管道截面上最大流速V_{max}与平均流速V_p之比值如表2–1所示。

表2-1 圆形管道截面上最大流速V_{max}与平均流速V_P之比值

Re	≤2300	2700	2×104～2×106	10^6	10^8	>10^8
V_{max} / V_P	2	1.33	平均1.2	1.16	1.11	1
V_P / V_{max}	0.5	0.752	平均0.83	0.862	0.901	1

由图2-2的湍流时速度分布曲线可以看出，在靠近管壁区域，流体的速度骤然下降，直至管壁上流体的流速等于零。在这个区域内流体的流速梯度最大，流速的分布与层流时的很相似。虽然对整个管道截面来说，是属于湍流流态，但是，因受到管壁上流速等于零的流体层的阻滞，使得在管壁附近的流体流动受到约束，不能象中心附近部分流体质点一样活跃。如果用红墨水注入紧靠管壁附近的流体层中，可以发现有呈直线流动的红墨水细流。由此证明，即使在湍流时，靠近管壁区域的流体仍作层流流动。这一层作层流流动的流体薄层，称为层流底层。在湍流主体与层流底层之间有一过渡区域，称为过渡层。雷诺数Re值愈大，则层流底层愈薄。层流底层的厚度δ_b为：

$$\frac{\delta_b}{D}=\frac{62}{\mathrm{Re}^{7/8}} \qquad (式2-5)$$

式中 δ_b —— 层流底层厚度，毫米；

D —— 管道内径，毫米。

层流底层的厚度虽然极薄，但在底层内流体质点是作直线流动，并不产生混合作用。所以在流体中进行传热或传质时，层流底层的阻力要比湍流主体内大得多。因此，要提高传热或传质的速度，必须设法减薄层流底层的厚度。

最后必须指出，上述流速分布曲线是在管道的平直部分的截面上测得的，而且整个管道截面上流体的温度是相同的。否则，将会影响到流速分布曲线的形状。

2.2 电磁流量传感器的测量原理

2.2.1电磁流量传感器的工作原理

一、法拉第电磁感应定律

法拉第最早通过实验发现电磁感应现象。实验表明，通过导体回路所包围的面积的磁通量发生变化时，在回路中就会产生感生电动势及感生电流。感生电动势的大小正比于回路相交的磁通随时间的变化率，其方向则由楞次定律决定。楞次定律告诉我们：感生电动势及其所产生的感生电流总是力图阻止磁通Φ_B的变化。

因此，回路中感生电动势$\mathcal{E}$的大小和方向可表示为：

$$\mathcal{E} = -\frac{d\Phi_B}{dt} \quad \text{（式2–6）}$$

Φ_B是通过回路的磁通量。

负号就是表示感生电动势及其所产生的感生电流总是力图阻止回路中磁通Φ_B的变化。

其中，磁通的正方向与感生电动势的正方向符合弗来明右手定则（如图2–3所示）。

表示式（式2–6）即称为法拉第电磁感应定律

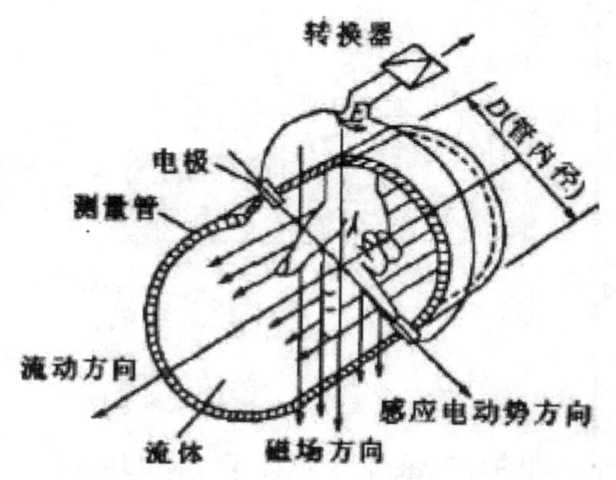

图2–3　弗来明右手定则

实际实验中，导体回路所包围的面积的磁通量发生变化，通常有两种表现形式：一种是导体在磁场中作切割磁力线运动；另一种是导体在磁场中并未作切割磁力线运动，但是导体回路所包围的磁通量是交变的。其中，如图2–3所示，导体在磁场中作切割磁力线运动，导体两端就会有感生电动势产生。这里，我们把单位面积的磁通量称为磁感应强度。从图2–3可以看出，导体的长度与导体切割磁力线运动速度的乘积形成成了磁通量变化的面积。如果只考虑数值大小，就可略去（式2–6）前面的负号。

于是，（式2–6）就变为：

$E_i = BVD$　　　（式2–7）

（式2–7）表明，导体在磁场内作切割磁力线运动，导体两端产生的感应电动势的大小与磁感应强度B成正比，与导体的长度D成正比，与导体运动的速度V成正比。

二、电磁流量传感器的工作原理

电磁流量传感器就是利用法拉第电磁感应定律的原理工作的。它能够把流速（流量）这个物理量线性地变换为感应电动势这另一个物理量。

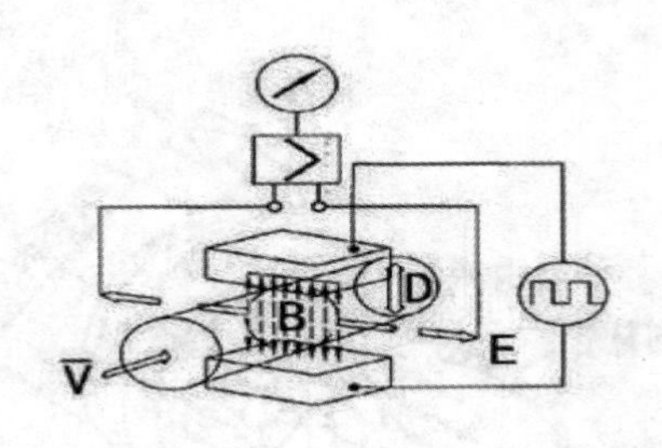

图2-4　电磁流量传感器的工作原理

我们把在管道内流动的导电液体流动看成导体的运动。当管道置于磁场内，在与磁场方向、管道的中心轴线、管道的径向三者相互垂直的管道位置，安装两个与液体接触的导电电极，如图2–4所示，那么，把管道的直径看成导体的长度，把液体相对于导电电极的流动看作导体在磁场中作切割磁力线运动。显然，这时与液体接触的两个导电电极就能够感应出感应电动势来。感应电动势的大小根据式（式2–7）决定。如果检测出两个导电电极之间的电动势，也就是电压，那么当磁感应强度B恒定时，检测出的感应电动势与管道内导电液体流动的平均流速成正比。

由体积流量的定义，流过管道一定截面的体积流量等于该截面面积与平均流速的乘积，对于圆形的测量管道，流过的体积流量为：

$$q_v=\frac{\pi}{4}D^2v \qquad 式（2–8）$$

以式（2–7）代入式（2–8），得

$$E_i=\frac{4}{\pi}\frac{B}{D}q_v \qquad 式（2–9）$$

或

$$q_v=\frac{\pi}{4}D\frac{E_i}{B} \qquad 式（2–10）$$

式（2–9）表示，感应电动势E_i的大小与二个导电电极之间的距离也就是传感器测量管内径D成反比，而与磁感应强度B成正比。式（2–10）说明，测量管内径D一定，但磁感应强度B变动时，体积流量与感应电动势E_i和磁感应强度B的比值成正比。

从这两个公式也可以看到，电磁流量传感器的流量测量除了测量管内径D、磁感应强度B和感应电动势E_i以外，与其他物理量的变化无关。这就是电磁流量计最大的优点。

2.2.2权重函数的物理意义和实际应用

一、权重函数的物理意义

根据电磁流量计的原理，把在管道内流动的导电液体流动看成是导体的运动，当管道置于磁场内，在与磁场方向、管道的中心轴、管道的直径三者相互垂直的管道位置，装两个与液体相接触的电极，那么，管道的直径可以看成导体的长度，液体相对于电极流动，这样就可以看成导体在磁场内做切割磁力线运动，这时候两电极能够感应出电动势来。实际的情况是磁场只能在有限范围内磁感应强度B相对均匀分布。而且对于空间中质点的速度分布并非处处相等，质点运动的速度也是矢量。这样看来，导电流体在磁场内流动产生感应电动势远比一般导体在磁场内作切割磁力线运动，导体两端产生电动势的情况复杂得多。因此，必须从微观上对此进行分析。

从微观角度分析，假设测量管道内某一点P的流体微元，该点的感应电动势大小不仅与磁场和流速成正比，而且与工作磁场的有效区域内任何微小流体微元切割磁力线所产生的感应电动势对两电极间的电位差所起的作用大小有关。因此，权重函数的定义就是：工作磁场的有效区域内任何微小流体微元切割磁力线所产生的感应电动势对两电极间的电位差所起的作用大小，也就是说假如磁场和流速场在测量管道内处处相等，但是在测量管道内不同位置的流体微元切割磁力线所产生的电动势不会等同地提供给两电极产生的流量信号。这也可以理解，权重函数是描述测量管道有效区域内各点产生的电动势不能完全地贡献给电极间流量信号，而是由几何位置所造成的衰减系数。因此，权重函数实际上是一个与测量段尺寸、几何形状（包括电极）有关的空间函数，它与流速场的分布及励磁场的分布状态均无关，它反映的是测量段电场的电位分布。

二、权重函数的实际应用

（一）权重函数是对电磁流量计信号静电场分布的数学解析提出来的。它的存在使我们能够从理论上认识电极间感应的流量信号的本质，通过权重函数能够把电磁场和流速紧密地联系起来。因此，研究权重函数不仅仅是为了认识它，更重要的是掌握它、应用它。有了权重函数理论，可以指导设计出不受流速分布影响，或者受流速分布影响较小的电磁流量传感器结构，最大限度地发挥电磁流量计对流速分布不敏感这一优点。当然，利用权重函数的理论，也可以开发电磁流量计新的产品和开拓新的使用领域。非满管电磁流量计的测量原理，就是流体在管道内的不同液面下，依据不同的权重函数产生信号的不同来检测流速和流体截面积，从而测量流量。

（二）目前，电磁流量计普遍采用实流标定，标定精度一般为±0.2%。该标定方法的最大优点是通过调整仪表内部设定系数来修正由于制造一致性差而引入的误差，从而降低对产品制造一致性的要求，因此被绝大多数电磁流量计厂家采用。但实流标定存在一定的缺陷：

1.大口径流量计实流标定装置制造价格昂贵，标定成本极高。如：实流标定DN1000口径的仪表，需要 250 kW的水泵连续提供约 1.5 t/s的流量，标定时间约 2～4 h，标定装置造价约几百万元以上。此外，在实流标定过程中还须消耗大量的能耗；

2.实流标定装置所产生的流场通常为理想流场，而多数工业现场工况复杂，流量计上、下游直管段长度往往难以达到要求，从而使流量计的实际使用误差远远大于实流标定装置上所检测的误差；

3.现有实流标定装置的测量介质大多为水，因此很难利用现有的实流标定装置对多相流、浆液、粘性介质等非常规介质进行标定，在这类实流标定装置上进行模拟各种现场工况的流体运动学和动力学特性研究也十分困难。

正因如此，许多科学家热衷于研究以权重磁场分布为基础的流量计干标定技术。流量计干标定技术作为一种无需实际流体便可实现流量计标定的技术，一直被业界所推崇。电磁流量计因其测量原理可追溯性好，被认为是最适合干标定的流量计。但因干标定技术对相应流量计产品的一致性要求较高，只有少数发达工业国家开展了相应研究。目前，在电磁流量计领域，英国、俄罗斯两国的产品一致性较好，因此其干标定方法研究也较为领先，其中俄罗斯已成功实现电磁流量计干标定技术的工业化应用。改革开放以来，我国的电磁流量计产业得到了很好的发展，电磁流量计技术水平已接近发达国家，制造水平的提高使不少厂家的产品一致性得到了本质性的改善。

因此，开展电磁流量计干标定技术的探索应用时机已经成熟，这也是权重函数极为重要的实际应用。

流量计干标定技术的优点主要体现在：

●适用于管道式和插入式流量计的标定；

●标定过程无需大量耗能；

●无需建立昂贵的标准装置；

●测量方便、快速。

国内某企业研发的专利产品DRAK8000型电磁式热量表，对传统的电磁流量传感器的结构进行了创新性的改革并突破了电磁流量传感器的传统加工技术和加工工艺，目前对于DN50以下的电磁式热能表，整个流量传感器除标准件外已经基本上全部由模具化部件构成，达到了可以流水线组装生产的程度，产品的一致性达到了相当高的程度，从而为采用流量检测的干标定技术创造了最基本的条件。

2.3 电磁流量传感器的基本结构

2. 3. 1电磁流量传感器的基本构成

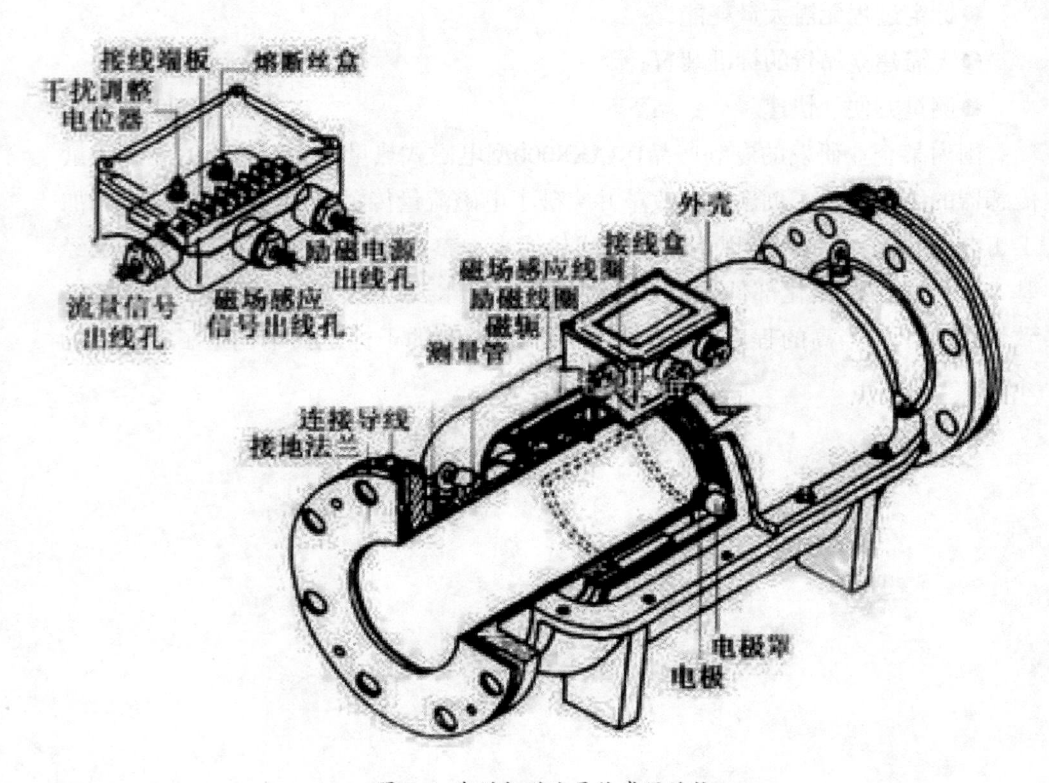

图2−5 典型电磁流量传感器结构

除插入式的以外，典型电磁流量传感器的结构大致由以下四个部分组成：

一、测量管道，是传感器里面被测流体的流动通道，通常由内衬绝缘衬里材料的非导磁、高电阻率的金属管道构成。

二、励磁系统，主要由励磁线圈、磁轭、极靴等构成。通常由励磁线圈通以励磁电流后而产生传感器的工作磁场。

三、信号检测部分，通常包括电极、电极引出线、电极屏蔽罩和接线端子盒等零部件。

四、传感器壳体，起磁路与外界隔离和保护作用。

图2–5是典型的电磁流量传感器剖视图。从图中可以看出，电磁流量传感器具有结构相对简单，既无活动部件测量管道内也无阻流元件，因此不会产生由测量而形成的附加压力损失，使用寿命长以及与被测液体接触的仅为电极和测量管道内壁衬里，容易解决测量流体介质的防腐、耐磨等优点。

2. 3. 2电磁流量传感器励磁方式及其特点

在电磁流量计中，传感器的工作磁场是由励磁系统产生的。因此，励磁系统的励磁方式和励磁系统的性能决定着电磁流量计的抗干扰能力大小和零点稳定性能的好坏。因此可以说，电磁流量计的发展历史与励磁方式的演变过程关系密切，不同的励磁方式代表着不同时代的特征和技术进步。从法拉第的时代开始利用地磁场测量泰晤士河水流速，到今天低频矩形波、双频、可编程脉宽等智能化控制励磁方式的出现，使电磁流量计不断成熟、不断完善，成为流量测量仪表中最重要的品种之一。表2–2列出了各种励磁方式，以下将就这些励磁方式与特点分别讨论。

表2-2 各种励磁方式比较

励磁方式	励磁波形	产生年代与特点
直流恒定磁场励磁	B	从法拉第时代开始，以后多用于液态金属测量，如原子能工业，无涡电流和极化现象
交流正弦波		始于1920年前后，1950年真正工业商品化，极化电压低，存在电磁感应干扰，零点容易变动
两值波		产生于1975年前后，一般励磁频率为电源频率的1/2～1/16，其零点稳定性好，但对浆液测量会出现抖动
三值波		产生于1978年前后，无励磁电流期间采样零点信号，校准零点，周期的一半时间无电流流过，功耗低
双频		用高频调制1/8工频，可降低浆液测量的尖状干扰，输出稳定，反应速度快，但调节麻烦
可编程脉宽		利用单片计算机编程，控制励磁矩形波脉冲宽度和励磁频率，因而也达到降低浆液测量尖状干扰的影响

一、直流励磁

这里所说的直流励磁，包括用永磁铁的恒定磁场和由直流电流励磁的恒定磁场。这种流量计感应的流量信号是直流电压信号。直流电压信号的角频率ω=0几乎没有电磁感应的干扰产生，这是它们最大的优点。

但是，使用直流磁场所感应的是极性不变的直流信号电压，它容易使流过管内的电解质液体极化，电极上得到的是极化电压与信号电压叠加在一起的合成信号。这种合成信号用转换放大器很难将流量信号从中分离。同时，极化电压又是温度的函数，信号随温度变化发生漂移，造成测量的不稳定。再者，直流电压的存在，如图2-6所示，会导致测量管内的电解质液体的正离子向负电极移动，负离子向正电极移动。随着时间的延长，电极处取集的离子层不断地加厚，阻碍了导电离子的继续移动，形成中间离子密度小的“空腔”，从而引起电极间的内阻增大，影响仪表的正常工作。

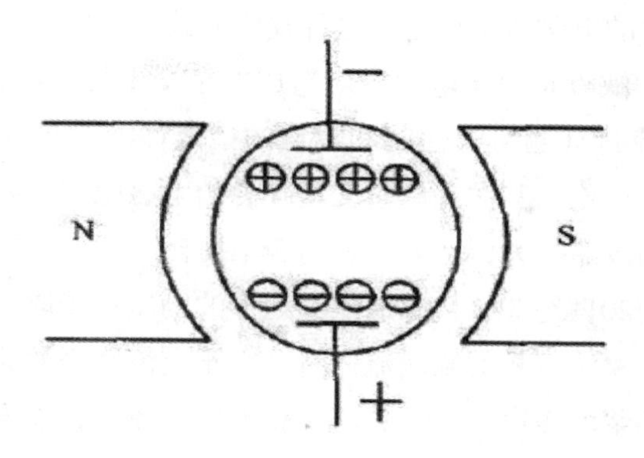

图2-6　电解质液体极化现象示意

而对于液态金属则情况截然不同，因为液态金属的导电是电子导电，受到感应的直流电压形成的电场作用，液态金属中的电子向一个方向流动，不存在电解质液体的极化问题，不会有中间“空腔”的现象。相反，如果使用交流励磁，测量管内的液态金属会在交流磁场下产生强烈的感应涡电流，并引起“集肤效应”。这一效应不仅会使传感器的内阻增大，而且感应的涡电流产生较强的二次磁通。前面一章曾有过说明。二次磁通使工作磁场扭曲而发生畸变，影响正常的测量工作。使用直流磁场，涡电流几乎为零，上述交流磁场的祸电流感应问题就不存在了。这就是测量电导率很高而又不能电解的液体金属，例如常温的汞、高温的钠、铋等导电液体要使用直流磁场的电磁流量计的原因。

直流磁场感应的电势是直流电压，需要使用直流放大器。由于受温度变化的影响大，放大转换直流电压信号要比放大交流电压信号更加困难。所以，直流磁场只是在特殊的液态金属测量的场合下使用很强的永磁磁场，感应出较大的信号不用放大，可直接应用电位差计进行测量。

二、交流励磁

交流励磁通常是指使用50Hz（或60Hz）正弦波的工频市电励磁的传感器。这种励磁方式最重要的优点是能降低电解质液体对电极的极化作用，因而大大地降低漂移的直流干扰对测量的影响。其次，交流励磁电源简单，直接使用市电供电产生工作磁场。一般传感器的磁感应强度可以设计得较高，因而有较大的信号电动势产生（如lmV每1m/s），具有较高的信噪比，可以得到较高的测量准确度。同时，励磁频率高，测量反应迅速，适于测量浆液和脉动流。因此，20世纪

50—80年代，商品化的电磁流量计是以这种励磁方式为主体。

交流励磁最大的缺点是由于电磁感应造成的正交干扰、同相干扰，如图2-7所示。它们影响着流量计测量线性度和零点的稳定性。对于这些干扰产生的原因，后面将要详细地讨论。其次，由于交流励磁的电磁感应，磁路、测量管和流体将产生涡流损失和滋滞损失，增大仪表的功率损耗。

尽管如此，即使20世纪80年代以后低频矩形波励磁逐步取代交流励磁方式已成为主流，在测量固、液双相的浆液流体时，由于交流励磁的频率较高，固体擦过电极表面所产生的浆液噪声（一种直流极化电压）较小，输出信号的摆动幅度低。因此，新型的交流励磁方式电磁流量计仍出现在市场上。

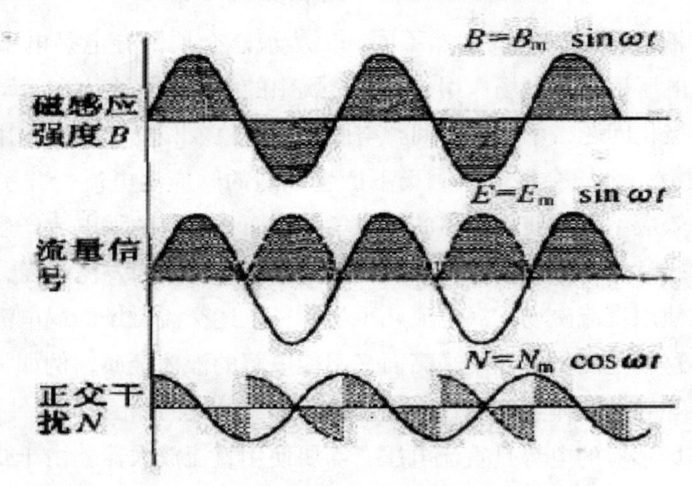

图2-7 流量信号与正交干扰

三、低频矩形波励磁

这种励磁方式是目前电磁流量计的主流，图2-8表示低频矩形波励磁的信号与干扰的波形，使用交流励磁的电磁流量传感器产生的正交干扰的大小与频率成正比，而影响零点的同相干扰与频率的平方成正比。显然，低频磁场有利于降低正交干扰和同相干扰。又因为矩形波的dϕ/dt仅发生在波形转换过渡过程期间，如果转换过程时间比较短（这段时间的感应电势称为微分干扰），磁感应强度在两个不同极性的大部分时间幅度是稳定的。因此，如图2-8所示，应用不同的时序。由矩形波的后沿向前采样的时间为流量信号为50Hz的一个周期。这段时间处于波形的稳定时段，因而很容易把由波形前沿产生的微分干扰切除掉。没有了正交干扰也就没有同相干扰，零点也就稳定了。同时，50Hz的一个周期的采样时间内，电极信号中混入的50Hz串模干扰在采样时间内的正负面积相等，干扰平均值为零，采样的串模干扰得以抵消。所以，低频矩形波励磁具有能够克服直流励磁存在极化电压大的优点，又有避免交流励磁存在电磁感应干扰引起正交干扰和同相干扰的优点，是兼顾直流励磁和交流励磁两者优点的一种励磁方式。

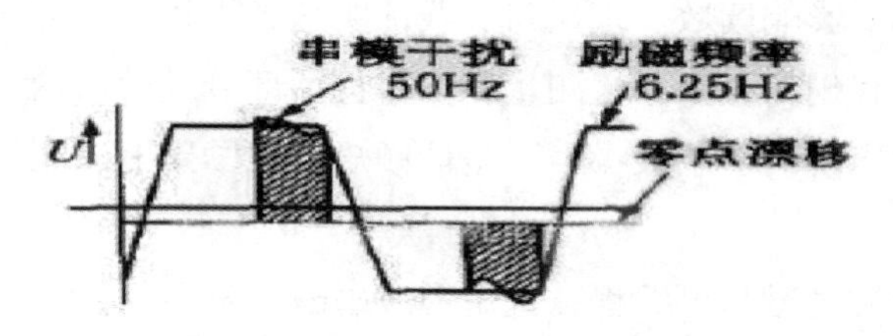

图 2-8　低频矩形波励磁的采样信号与噪声处理

在低频矩形波励磁方式中，还有一个被称作“三值波励磁”的方法。其波形如图2-9所示。从图中可以看到，在这种励磁方法的一个周期中有两部分时间的磁场处于零状态。这样比较利于经常对信号的零点进行检查和自校。当然，相对于“两值波”励磁，三值波的励磁电路是要复杂一些。因此，目前世界上仍然是以两值波励磁方式为多数。

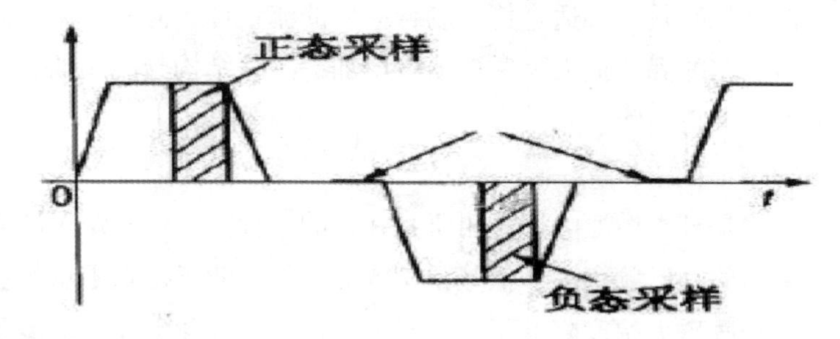

图2-9　三值波励磁

在流量测量中，流量计对流量脉动变化的响应快慢，是反应其灵敏度的一个重要特性，它对于脉动流量的测量和短时间内总量计量非常重要。比如在食品工业中饮料、酒类定量灌装，要求反应速度要快于0.2s。流量计的反应速度取决于最短的阻尼时间。一般阻尼时间是一个RC积分环节。从数学上我们知道，一要满足0.1%以上的测量精度，工作频率应该比仪表反应的速度高一个数量级。譬如反应速度0.2s，工作周期应该为0.02s，即磁场的工作频率应为50Hz。显然，低频矩形波励磁零点稳定性变好了，但是牺牲了电磁流量计测量的响应速度快的特点，成为低频矩形波励磁的一个缺点。

实践表明，低频矩形波励磁电磁流量计在浆液性流体测量时，会有一种波动较大的干扰产生。我们称为“浆液噪声”或“尖状干扰”。这种干扰使得测量的输出大幅度波动，影响读数。理论与实践证明这种干扰与励磁频率成反比例关系。有关这样问题我们将在两相流测量和信号特征部分进行讨论。这里说的是，低频矩形波励磁中出现的“浆液噪声”是低频矩形波励磁电磁流量计的一个新的研究课题。

四、高频矩形波励磁与可编程脉宽矩形波励磁

先进的电磁流量计制造企业针对浆液流体测量和高速响应性，应用先进的半导体元器件和单片计算机技术，研制各种相对于低频（1/8–1/32工频）的高频矩形波励磁（通常在100Hz左右，医学上测量人体的血液流量计高达400Hz）和可编程脉宽励磁的电磁流量计，并利用单片计算机的存贮和运算功能，从数据采集与软件上做尖状干扰处理，以改善浆液测量和高速响应性的性能。

高频矩形波励磁和可编程脉宽励磁电磁流量计可能失掉一些低频矩形波励磁零点稳定的特性，只能是一种适合特定场合应用的流量计。同时，由于高频励磁可能引起传感器磁路的涡流损失和磁滞损失增加，磁路结构与应用的磁性材料比低频矩形波励磁要求高一些。

五、双频励磁

双频励磁方式是日本横河电机公司研究开发的一种高、低频矩形波调制波的励磁方式。所采用的励磁频率为：低频是6.25Hz，它有助于提高零点的稳定性；高频是75Hz，高频励磁大幅度降低了浆液对电极产生的极化电压，减弱了测量输出的抖动，提高了测量的响应速度。因此，双频励磁既有稳定零点和高精度的测量的优点，又有很强的抗“浆液噪声”能力、反应速度快等优点，是低频矩形波励磁和高频励磁的结合。

除此以外，还有一种是两个高低频率脉冲串的双频励磁方式。与单独的低频矩形波励磁相比，双频励磁传感器的设计与制造要与高频励磁一样注意高频磁路的涡流损失和磁滞损失问题。双频励磁传感器存在一个低频系数和一个高频系

数两个仪表系数，因此转换器调整时，求得两个系数相对于一个仪表系数要麻烦一些。

从上面的叙述可以看到，励磁方式的研究对于电磁流量计的应用与发展显得非常重要。随着技术的进步，也许不久的将来还会有更先进、更完美的励磁方式出现。

第三章　热电阻温度传感器

3.1 热电阻温度传感器性能特点和分类

热电阻的测温原理是基于电阻体的热效应进行温度测量的，即电阻体的阻值随温度的变化而变化的特性。因此，只要测量出感温热电阻的阻值变化，就可以测量出温度。目前主要有金属热电阻和半导体热敏电阻两类。

金属热电阻的电阻值和温度一般可以用以下的近似关系式表示，即

$Rt = Rt_0[1+\alpha（t-t_0）]$

式中：Rt——温度t时的阻值；Rt_0——温度t_0（通常t_0=0℃）时对应电阻值；A——温度系数。

半导体热敏电阻的阻值和温度关系为：Rt= AeB/t

式中：Rt——温度为t时的阻值；A、B——取决于半导体材料的结构的常数。

相对而言，热敏电阻的温度系数更大，常温下的电阻值更高（通常在数千欧以上），但互换性较差，非线性严重，测温范围只有-50～300℃左右，大量用于家电和汽车用温度检测和控制。

金属热电阻一般适用于-200~500℃范围内的温度测量，其特点是测量准确、稳定性好、性能可靠，在程控制中的应用极其广泛。

一、数字温度传感器的特性简介

数字温度传感器采用了数字信号输出的技术，这种温度传感器采用3芯带屏蔽导线，使得温度信号更加不易被干扰，解决了温度测量的导线延长和抗干扰问题。 数字温度传感器的温度测量范围为：-55℃～125℃、分辨率为0.0625℃，测温精度为±0.1℃。

环境温度对数字温度传感器的测量精度影响较大，必须逐段进行修正。

二、数字温度传感器与传统温度传感器的比较

传统的温度检测大多以热敏电阻为传感器，采用热敏电阻，可满足40摄氏度

至90摄氏度测量范围，但热敏电阻可靠性差，测量温度准确率低，对于1摄氏度的信号是不适用的，还得经过专门的接口电路转换成数字信号才能由微处理器进行处理。

数字温度传感器与传统的热敏电阻有所不同的是，使用集成芯片，采用单总线技术，其能够有效地减小外界的干扰，提高测量的精度，同时，它可以直接将被测温度转化成串行数字信号供微机处理，接口简单，使数据传输和处理简单化。部分功能电路的集成，使总体硬件设计更简洁，能有效地降低成本，搭建电路和焊接电路时更快，调试也更方便简单化，这也就缩短了开发的周期 。

三、数字温度传感器的接线注意事项

数字温度传感器的接线注意事项以DS18B20数字温度传感器为例。如图3-1所示，在DS18B20测温程序设计中，向DS18B20发出温度转换命令后，程序总要等待DS1820的返回信号，一旦某个DS18B20接触不好或断线，当程序读该DS18B20时，将没有返回信号，程序进入死循环。这一点在进行DS18B20硬件连接和软件设计时也要给予一定的重视。

测温电缆建议采用屏蔽4芯双绞线，其中一对线接地与信号线，另一组接VCC和地线，屏蔽层在源端单点接地。

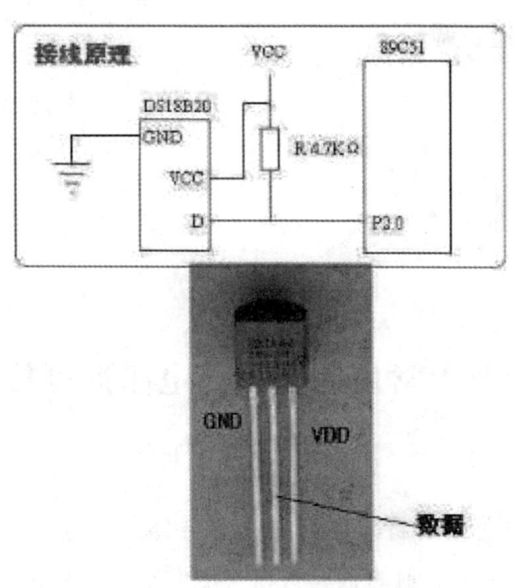

图3-1 数字温度传感器原理图及实物图

四、数字温度传感器的技术参数

●数字式温度传感器DS18B20+ 无铅环保；

●测温范围：−55℃ ~ +125℃；

●元件精度：±0.5℃；

●供电电压：3 ~ 5.5VDC；

●独特的单线接口，只需1个接口引脚即可通信；

●多点（multidrop）能力使分布式温度检测应用得以简化；

●不需要外部元件；

●可用数据线供电；

●以9 ~ 12位数字值方式读出温度；

●在1秒（典型值）内把温度变换为数字。

五、数字温度传感器的应用领域

●数据采集器

●变送器

●自动化过程控制

●汽车行业

●楼宇控制&暖通空调

●电力

●计量测试

●医药业

3.2 工业上常用的金属热电阻温度传感器

从电阻随温度的变化来看，大部分金属导体都有这个性质，但并不是都能用作测温热电阻，作为热电阻的金属材料一般要求：尽可能大而且稳定的温度系数、电阻率要大（在同样灵敏度下减小传感器的尺寸）、在使用的温度范围内具有稳定的化学物理性能、材料的复制性好、电阻值随温度变化要有间值函数关系（最好呈线性关系）。

目前应用最广泛的热电阻材料是铂和铜：铂电阻精度高，适用于中性和氧化性介质，稳定性好，具有一定的非线性，温度越高电阻变化率越小；铜电阻在测温范围内电阻值和温度呈线性关系，温度线数大，适用于无腐蚀介质，超过150易被氧化。中国最常用的有R_0=10Ω、R_0=100Ω和R_0=1000Ω等几种，它们的分度号分别为Pt10、Pt100、Pt1000；铜电阻有R_0=50Ω和R_0=100Ω两种，它们的分度号为Cu50和Cu100。其中Pt100和Cu50的应用最为广泛。

近年来市场上出现了大量的厚膜和薄膜铂热电阻感温元件，厚膜铂热电阻元件是用铂浆料印刷在玻璃或陶瓷底板上，薄膜铂热电阻元件是用铂浆料溅射在玻璃或陶瓷底板上，再经光刻加工而成，这种感温元件仅适用于-70~500℃温区，但这种感温元件用料省，可机械化大批量生产，效率高，价格便宜。

3.3 热电阻温度传感器连线方式和结构形式

一、热电阻温度传感器连线方式

热电阻是把温度变化转换为电阻值变化的一次元件，通常需要把电阻信号通过引线传递到计算机控制装置或者其他一次仪表上。工业用热电阻安装在生产现场，与控制室之间存在一定的距离，因此热电阻的引线对测量结果会有较大的影响。

目前热电阻的引线主要有三种方式

二线制：在热电阻的两端各连接一根导线来引出电阻信号的方式叫二线制：这种引线方法很简单，但由于连接导线必然存在引线电阻r，r大小与导线的材质和长度的因素有关，因此这种引线方式只适用于测量精度较低的场合。

三线制：在热电阻的根部的一端连接一根引线，另一端连接两根引线的方式称为三线制，这种方式通常与电桥配套使用，可以较好地消除引线电阻的影响，是工业过程控制中的最常用的引线电阻。

四线制：在热电阻的根部两端各连接两根导线的方式称为四线制，其中两根引线为热电阻提供恒定电流I，把R转换成电压信号U，再通过另两根引线把U引至二次仪表。可见这种引线方式可完全消除引线的电阻影响，主要用于高精度的温度检测。

二、热电阻温度传感器的结构形式

和热电偶温度传感器相类似，工业上常用的热电阻主要有普通装配式热电阻和铠装热电阻两种型式。

普通装配式热电阻是由感温体、不锈钢外保护管、接线盒以及各种用途的固定装置级成，安装固定装置有固定外螺纹、活动法兰盘、固定法兰和带固定螺栓锥形保护管等形式。铠装热电阻外保护套管采用不锈钢，内充高密度氧化物绝缘体，具有很强的抗污染性能和优良的机械强度。与前者相比，铠装热电阻具有直径小、易弯曲、抗震性好、热响应时间快、使用寿命长的优点。

对于一些特殊的测温场合，还可以选用一些专业型热电阻，如：测量固体表面温度可以选用端面热电阻，在易燃易爆场合可以选用防爆型热电阻，测量震动设备上的温度可以选用带有防震结构的热电阻等。

第四章　电磁式热量表实时远程监控

4.1 贸易结算仪表实时远程监控的重要意义

随着信息化技术和智能技术飞速发展，远程监控原来越普遍，因此实现电磁流量表的远传具有重要的意义。

●实现远程监控可很大降低劳动强度，节约人工成本。

●实现远程监控可提高数值准确度，减少人工抄表的误差。

●实现远程监控可调高时间准确性，人工时间误差可消除。

●实现远程监控可提高抄表次数，从而更加有利于数据分析。

●实现远程监控更好统计日用量、月用量、年用量，更好服务贸易结算。

综上所述，一般电磁热量表，不含通讯模块，我公司为了方便用户开发了通讯接口和通讯协议。通讯接口有两种：RS232接口和RS485接口，通讯协议有三种：ModBusRTU协议、M-Bus协议和自由口通讯协议。

4.2 电磁式热能表通讯接口和通信协议概述

4. 2. 1通讯接口

一、RS232接口的介绍：

RS232是世界上最早的个人计算机接口之一，目前该接口有9针或25针，针接口如下图。

图4-1 RS2329针接口实物图

顺序号左上角开始1、2、3、4、5，下一排为6、7、8、9。由于此接口最早出现，有以下几种不足：

●接口的信号电平值较高，易损坏接口电路的芯片；

●传输速率比较低，在异步传输时，比特率为20Kbps；

●抗干扰性比较弱；

●传输距离比较近，一般15米之内。

二、RS-485通讯接口介绍

智能仪表是随着80年代初单片机技术的成熟而发展起来的，现在世界仪表市场基本被智能仪表所垄断。究其原因就是企业信息化的需要，企业在仪表选型时其中的一个必要条件就是要具有联网通信接口。最初是数据模拟信号输出简单过程量，后来仪表接口是RS232接口，这种接口可以实现点对点的通信方式，但这种方式不能实现联网功能，随后出现的RS485解决了这个问题，下面我们就简单介绍一下RS485的特点。

1.RS485接口的出现解决了RS232接口只能点对点，不能连续并联使用同一总线的问题；

2.传输速率极大地提高，理论上，通信速率在100Kbps及以下时，RS485的最长传输距离可达1200米。随着距离的不断拉大，可以加中继放大信号，最多可达到8个中继，传输距离进一步加大，理论上可以传输9600米。随着光纤技术的发展，使用多模光纤距离可达到5～10公里，使用单模光纤距离可达到50公里；

3.抗干扰能力进一步加强。

4.2.2ModBus通信协议

Modbus是由Modicon（现为施耐德电气公司的一个品牌）在1979年发明的，是全球第一个真正用于工业现场的总线协议。

ModBus网络是一个工业通信系统，由带智能终端的可编程序控制器和计算机通过公用线路或局部专用线路连接而成。其系统结构既包括硬件、亦包括软件，它可应用于各种数据采集和过程监控。

ModBus网络只有一个主机，所有通信都由它发出。网络可支持247个之多的远程从属控制器，但实际所支持的从机数要由所用通信设备决定。采用这个系统，各PC可以和中心主机交换信息而不影响各PC执行本身的控制任务。

一、传输方式：ModBus又可分为RTU、ASCII两种输出模式，一般情况热表选用MODBUSRTU协议。

二、功能码定义及表的通讯说明

表4-1 功能码定义

功能码	定义	功能码	定义
01	READ COIL STATUS	05	WRITE SINGLE COIL
02	READ INPUT STATUS	06	WRITE SINGLE REGISTER
03	READ HOLDING REGISTER	15	WRITE MULTIPLE COIL
04	READ INPUT REGISTER	16	WRITE MULTIPLE REGISTER

●数据位8位，停止位1位，无校验，波特率9600。

●485接口，A、B口内部供电，无需外接电源。

三、系列表的通讯一览表

表4-2 通讯一览表

寄存器地址	寄存器	数据描述	数据类型	寄存器数	说明
$0000	40001	瞬时流量/秒一低字节	32 bits real	2	
$0001	40002	瞬时流量/秒一高字节			
$0002	40003	瞬时流量/分钟一低字节	32 bits real	2	
$0003	40004	瞬时流量/分钟一高字节			
$0004	40005	瞬时流量/小时一低字节	32 bits real	2	
$0005	40006	瞬时流量/小时一高字节			
$0006	40007	流速一低字节	32 bits real	2	
$0007	40008	流速一高字节			
$0008	40009	正累积量一低字节	32 bits int.	2	
$0009	40010	正累积量一高字节			
$000A	40011	正累积量一指数	16 bits int.	1	
$000B	40012	负累积量一低字节	32 bits int.	2	
$000C	40013	负累积量一高字节			
$000D	40014	负累积量一指数	16 bits int.	1	
$000E	40015	净累积量一低字节	32 bits int.	2	
$000F	40016	净累积量一高字节			
$0010	40017	净累积量一指数	16 bits int.	1	
$0011	40018	能量累积量-低字节	32 bits int.	2	
$0012	40019	能量累积量-高字节			
$0013	40020	能量累积量-指数	16 bits int.	1	
$0014	40021	瞬时能量流量-低字节	32 bits real	2	
$0015	40022	瞬时能量流量-高字节			
$0016	40023	上游信号强度一低字节	32 bits real	2	0～99.9
$0017	40024	上游信号强度一高字节			
$0018	40025	下游信号强度一低字节	32 bits real	2	0～99.9
$0019	40026	下游信号强度一高字节			
$001A	40027	信号质量	16 bits int.	1	0～99
$001B	40028	4~20mA输出电流值一低字节	32 bits real	2	单位为mA
$001C	40029	4~20mA输出电流值一高字节			
$001D	40030	错误代码一字符 1,2	String	3	代码的具体意义请参照"故障分析"章节
$001E	40031	错误代码一字符 3,4			
$001F	40032	错误代码一字符 5,6			
$003B	40060	流速单位一字符 1,2	String	2	暂时只支持：米/秒
$003C	40061	流速单位一字符 3,4			
$003D	40062	瞬时流量单位一字符 1,2	String	2	
$003E	40063	瞬时流量单位一字符 3,4			
$003F	40064	累积量单位一字符 1,2	String	1	
$0040	40065	瞬时能量流量单位一字符1,2	String	2	
$0041	40066	瞬时能量流量单位一字符3,4			
$0049	40074	模拟输入AI1值-低字节	32 bits real	2	带RTD时返回温度值
$004a	40075	模拟输入AI1值-高字节			
$004b	40076	模拟输入AI2值-低字节	32 bits real	2	带RTD时返回温度值
$004c	40077	模拟输入AI2值-高字节			
$004d	40078	热能量累积量一低字节	32 bits int.	2	
$004e	40079	热能量累积量一高字节			
$004f	40080	热能量累积量一指数	16 bits int.	1	
$0050	40081	冷量累积量一低字节	32 bits int.	2	
$0051	40082	冷量累积量一高字节			
$0052	40083	冷量累积量一指数	16 bits int.	1	

四、MODBUS通讯测试步骤

（一）将流量计的串口与PC连接，并上电。

（二）将M96设置为2， Modbus-I流量计地址为10，打开modscan软件，将图4-2中Device ID 设置为10，假如需要读当前每小时的瞬时流量，将图4-2中的Address 设置为0005，Length设置为2，命令选项设置为 03: HOLDING REGISTER。

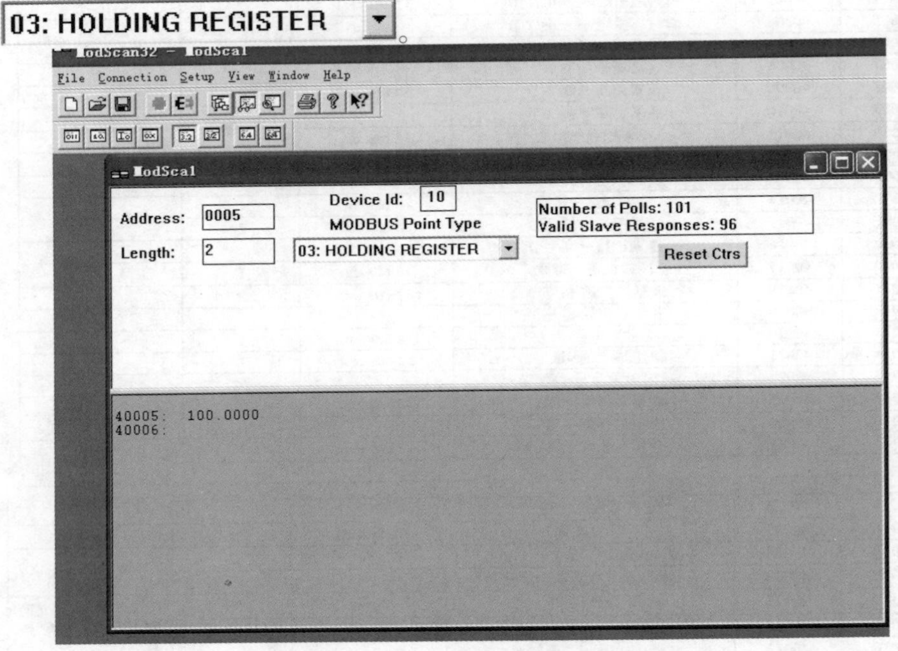

图4-2 ModSca参数设置

（三）然后点击“Connection”，选择下拉菜单“Connect”。

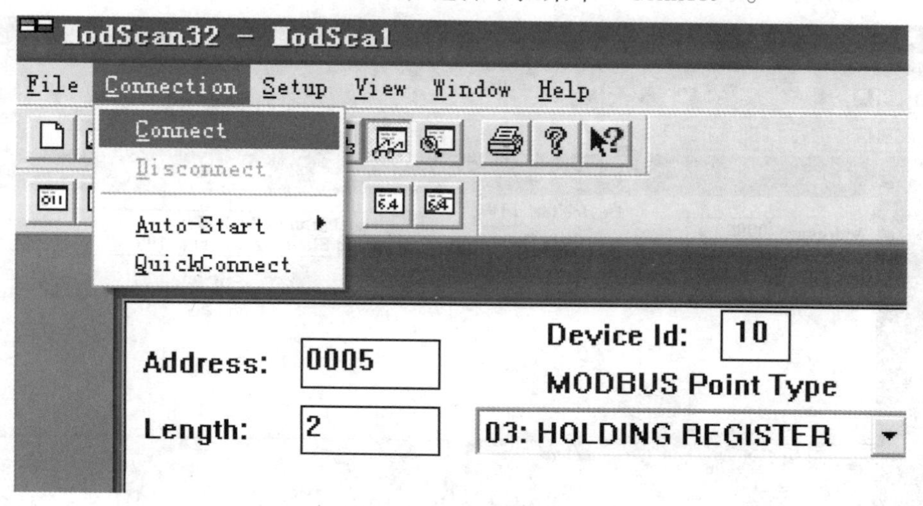

图4-3 Connection选项

（四）出现图4-4 COM口和波特率选项设置：请选择正确的COM口和与流量计相对应的波特率，然后点击“OK”。

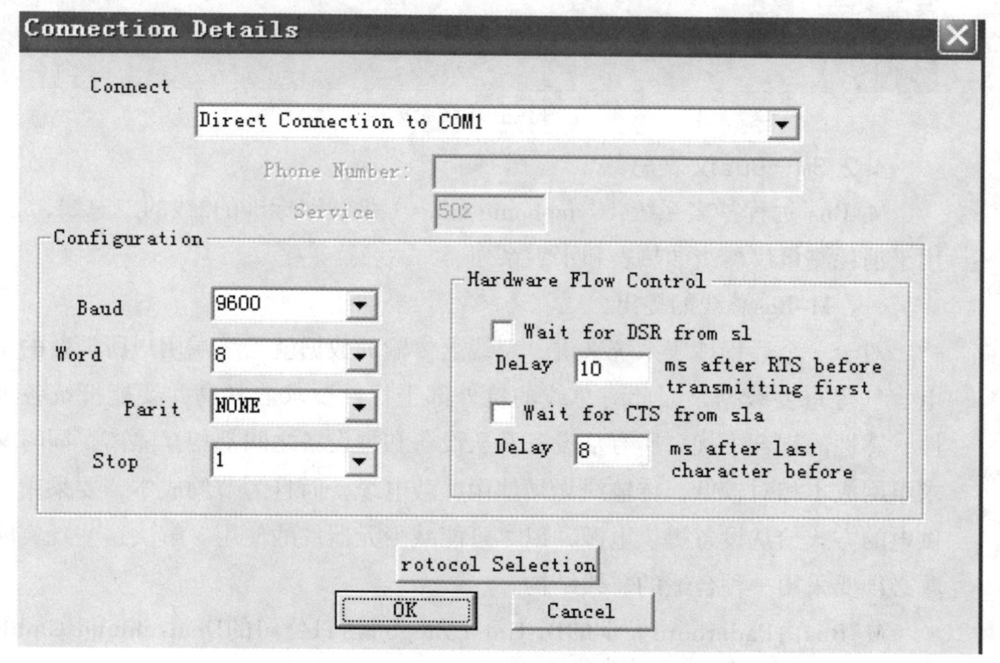

图4-4　COM口和波特率选项设置

（五）连接成功界面如图4-5所示（此处显示当前的瞬时流量为100m³/h）。

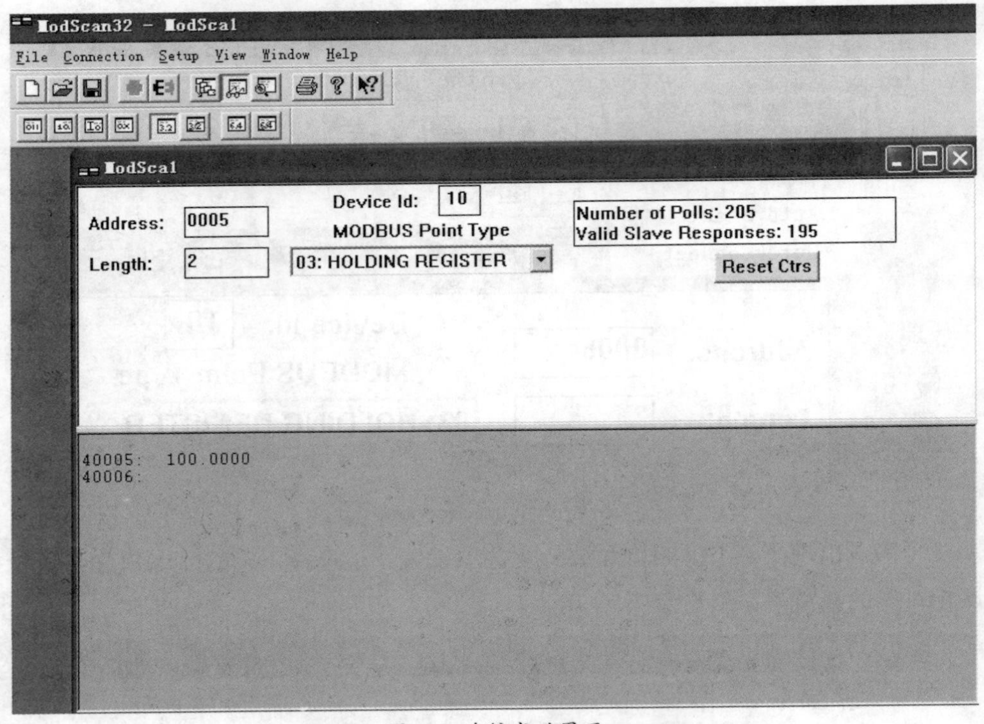

图4-5 连接成功界面

4. 2. 3M—Bus仪表总线

M-Bus 远程抄表系统（symphonic mbus）是欧洲标准的2线的二总线， 主要用于消耗测量仪器诸如热表和水表系列。

一、M-Bus总线的提出

对于一个远程抄表系统来讲，总线上传输的数据就是终端用户所消费的水、电、气等重要数据，因此对总线的抗外部干扰性要求非常高，要能抵抗各种容性、感性的耦合干扰，所有从设备及从设备和主设备之间都相互隔离。同时又要求组网成本相对较低，传输线无须使用屏蔽电缆，而且为节约成本，要采用远程供电的方式给从设备提供电源，以尽可能减少元器件的使用。解决这些现实的问题必须要采用一种合适的总线结构。

M-Bus由Paderborn大学的Dr.Horst Ziegler与TI公司的Deutschland GmbH和Techem GmbH共同提出，M-Bus总线的概念基于ISO-OSI参考模型，但是M-Bus

又不是真正意义上的一种网络。在OSI的七层网络模型中，M–Bus只对物理层、链路层、网络层、应用层进行了功能定义，由于在ISO–OSI参考模型中不允许上一层次改变如波特率、地址等参数，因此在七层模型之外M–Bus定义了一个管理层，可以不遵守OSI模型对任一层次进行管理。

●从计算中心到终端：计算中心发送经过改变的M–Bus电压到终端。

因为计算中心在数据交换过程中没有“中断”M–Bus电压，所以它可以不断为终端提供M–Bus电压的电源。TI公司研制的接口模块TSS 721可以使终端在获得M–Bus电压时将终端内部的电池关闭，所以在计算中心工作的情况下，可提供M–Bus电压，即使终端没有内部电池，系统同样可以运行。在电池中断和M–Bus关闭的情况下会出现数据停止的结果。

●从终端到计算中心：终端随它的电流消耗而反馈信息直流电电流 1.5 mA，脉冲电流 = 直流电电流 + 11 ~ 20 mA 电流调制可确保高抗干扰力。

终端由于电消耗增大而反馈数据，两个终端是不会互相交换数据的，只有提供电源的计算中心，可以确定电消耗增大。

二、折叠 M–Bus协议

M–Bus 协议是以IEC 870协议为基础的（这个协议是远程通讯标准协议），IEC 870协议扩展部分的详细解释在DIN EN 1434–3中可以找到。

M–Bus 协议和电报的区别在于固定的长度和变化的长度，电报和M–Bus的详细解释分别在DIN EN 1434–3 和M–Bus使用说明。

三、折叠 M–Bus传送数据距离

M–Bus 传送数据距离和以下因素有关：网络分布线路情况、电缆长度和截面积传送速度终端的数量可以通过调整作为互感器的数字远程控制器而提高。

四、折叠 M–Bus特性

传送速度：传送速度为 300 至 9600 Baud，数据交换时耗为0.1至0.5秒。

●安装注意事项

铺设M–Bus 系统的电缆无需按固定线路，不要超过电缆最长标准，M–Bus具有防接错功能，每一个数字远程控制器可同时为250个终端服务，可利用工业区的建筑内现有的双缆电缆作为传送载体。

●注册费用：无需纳注册费

4.2.4GPRS通信技术

GPRS系统作为无线数据业务的承载，充分融合了GSM无线技术和IP等网络技术。本书从数据业务基础知识入手，首先介绍了GPRS技术的理论基础、网络结构和规程体系，然后讨论了GPRS无线技术和原理、数据传送过程以及重要信令流程，最后对GPRS无线安全和核心网络安全、GPRS系统中的TCP/IP特性和GPRS应用进行了阐述，并对GPRS网络到第三代系统的演进做了简单分析，从而使读者全面了解和认识GPRS原理和网络体系，有助于他们对WCDMA技术的学习和应用。

国内GPRS厂家深圳宏电、厦门四信、厦门桑荣、厦门灵旗占有比较大的市场份额，这些产品相对来说比较成熟，通讯比较稳定。支持中国移动、中国联通2G、3G、4G技术，通用性更强，也可以使用工业物联网卡降低资费。

4.2.5热能表热网集中抄表实时远程监控系统

一、系统组成

热能表热网集中抄表实时远程监控系统一般分为3个层次：数据采集层、数据传输层、数据管理层，系统组成框图如图4-6所示。

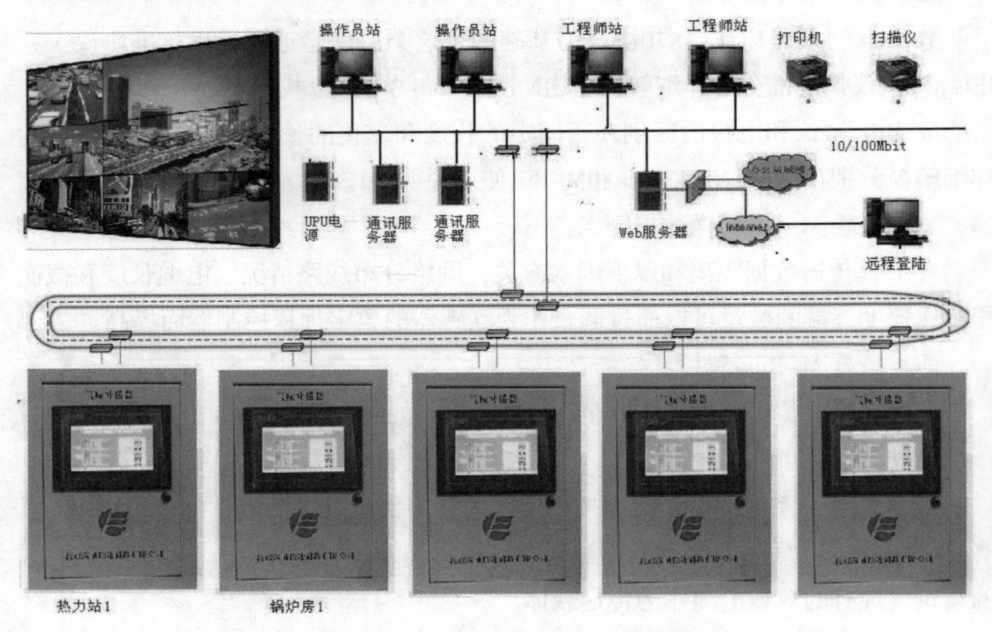

图4-6 热能表热网集中抄表实时远程监控系统组成框图

●数据采集层，一般情况下由数据采集箱、触摸屏、数据采集卡组成。从热表内采集好数据，现场显示存贮。

●数据传输层，一般情况下，根据现场情况决定通信方式，距离较远不方便安装有限网络采用无线GPRS技术传输比较方便，如果在同一城市内对通讯次数要求比较高的场合，适合用虚拟VPN网络。校园、厂区最好实现局域网，减少通讯费用，性能稳定。

●数据管理层，对于计量比较复杂的系统由路由器、网关、数据服务器，WEB服务器、通讯服务器等机器组成管理层的硬件、由数据库、UI系统组成系统的软件，如果系统较小可以合并成一台服务器。

二、热能表热网集中抄表实时远程监控系统功能

供水温度、回水温度、瞬时流量、累计流量、瞬时热功率、正向累计热量、反向累计热量等数值的显示。

供水温度、回水温度、瞬时流量、瞬时热功率实现实时趋势，历史趋势的显示及查询功能。

实现累计流量、正向累计热量、反向累计热量的按天、按月、按年等时间段用量的统计。

实现某一时间段最大值、最小值、平均值的分析。

实现温度、流量、热功率上下限值报警，对单位时间内热量比较分析，实现能耗排名和对标管理。

实现历史数据存贮、实现WEB发布、实现手机APP，方便客户查询。

第五章　热量表可靠性和耐久性专论

5.1 当前市场热量表产品可靠性和耐久性的现状和成因分析

中国城镇供热协会理事长徐中堂近期在接受记者采访时透露：从前段时期安装热量表的情况看，能够运行3年的热量表比例不足10%，能够运行一个采暖期的热量表比例不足30%。行业中出现这样较大范围的可靠性耐久性质量问题，值得每一个业内人士深思。如果不改变这种局面，不迅速提升热量表的整体质量，最终很可能导致热量表产业毁于一旦，并将严重影响供热体制改革的进程和节能减排目标的实现。计量检测专家呼吁业内每个企业必须高度重视热能表的长期可靠性是十分正确的。

形成这种状况，原因是错综复杂的，从以下几个方面做出概述。

一、客观因素。每个供暖季热能表必须连续运行4～5个月，而每年停暖季节，热能表的停用时间又长达7～8个月；热能表的工作环境也很复杂，供热用水中又含有腐蚀性物质等很多杂质，这些客观因素都对热能表的长期可靠性提出了较高要求。

二、热能表和普通水表做比较。在一般家庭，一块普通水表每月的计水量大约5立方米， 而水表的计量方式是间断式，抄表系统每年的计水量也不过60立方米左右。而通过热能表流过的是长时间连续不间断的热水，一个采暖季4个月热能表的计水量大约是864立方米。也就是说，热能表一个冬季的计水量相当于普通水表14年的计水量。由此可见，供热本身对热能表的长期可靠性要求，特别是对机械式热能表轴承材料的耐磨性要求的苛刻程度。因此，未经严密的特殊设计，而试图用热水表甚至用冷水水表作为热能表的基表，其长期可靠性是很难经得起考验的。

三、热量表作为热计量贸易结算的重要计量器具和依据，必须确保计量准确和长期可靠。如果不进行长期耐久性试验或有效的长期可靠性验证，热量表在高温下的可靠性通过单纯的高温检测难以确定，而在热量表的首次检定和出厂检验又无法保证其长期可靠运行，因此热量表在型式试验或可靠性试验中应当对热量表流量传感器的耐久性在较为严格的要求和试验程序条件中进行试验，这样才可能确保热量表长期运行的稳定、可靠和计量准确。事实上，目前热量表市场上的产品绝大多数根本没有进行这一基础试验。

四、实践证明，仪表产品出厂检验前对热量表采用华罗庚优选法对产品采样，进行相应的高低温度和大小流量交叉交替变化模拟运行老化试验，这一关键生产工艺对于检测产品的工作耐久性状况并降低产品的失效率、提升仪表产品整机工作的可靠性耐久性，具有事半功倍的作用。然而由于残酷竞争市场的逼迫而不得不拼命地挤压生产成本，可以说没有一家企业进行过这一较为关键的基础性工作。

五、目前市场上所生产使用的热计量仪表，大量地采用机械叶轮式水表和超声波式流量计作为载热流体流量测量仪表的机械式热能表和超声波热能表。机械式热能表结构简单，价格低廉是最大的优点，但除其测量精度较低之外，它转动的叶轮很容易被固体杂质或水垢卡死，致使热能表无法正常工作。这一严重缺陷极可能影响热能表的可靠正常运行。

而对于超声波式热能表，尽管其测量腔体内无可动部件，堵塞问题不太严重，但当前热能表市场上为降低成本而普遍采用的超声时差法的超声波式热能表，其测量腔体内超声反射片的存在，以及为提高低流速小信号时的信号强度而不得不采用文丘利缩径测量腔体结构，同机械叶轮式热能表一样，当载热流体含有较大、过多颗粒或出现气泡和流体中出现“絮状物”以及测量腔体管壁或超声反射片出现结垢层时，超声波信号的质量和强度就会大大下降，甚至超声波信号无法反射，从而影响测量的准确度和表具的工作可靠性，因此水质对超声波热能表的测量性能和工作可靠性也有较大的影响。

由于上述热量表产品这些致命质量隐患的存在，从其基本工作原理上就天生决定了它们不可能有很高的长期的可靠性和耐久性。

六、众所周知，国内集中供热的水质比较特殊，不仅“硬度”较高，高温下极易结垢，而且存在各种颗粒状杂质（如磁化粒子、铁屑杂质等）、少量的气泡、甚至会出现“絮状物”等污染物。在这样比较特殊的集中供热水质现状下，计量标的对热量表产品本身的苛刻要求、某些产品天生致命质量隐患的存在以及产品生产过程中关键生产工艺的缺失，热量表产品市场出现如此较大面积的耐久性可靠性低下的现况，也就不足为奇了。

5.2 热量表可靠性和耐久性的提升措施

一、从基本工作原理上克服产品先天性的设计缺陷。

众所周知，国内集中供热的水质比较特殊，不仅“硬度”较高，高温下极易结垢，而且存在各种颗粒状杂质（如磁化粒子、铁屑杂质等）、少量的气泡、甚至会出现“絮状物”等污染物。对于采用超声波式流量计检测载热流体流量的超声波热量表，由于是采用在载热流体中传播的超声波检测测量管道的流速，如果测量管道管壁或超声反射片出现结垢层或被污物所粘污，致使超声波发生折射或无法正常反射，就可能极大地影响测量的准确度，甚至于致使信号消失而无法正常工作，这就致使表具的耐久性可靠性大幅度降低，可见，水质对超声波热能表的测量性能和耐久性可靠性有极大的影响。因此，仅此而言采用超声波流量计作为检测载热流体流速的工作原理设计热量表，针对比较特殊的国内集中供热水质是不太科学的。这也许就是计量司宋伟付司长就热能表存在的两个方面问题中所指的产品设计缺陷。

由此可见，根据已进入市场的热量表（当今主要是超声波热量表）产品出现如此较大面积的耐久性可靠性质量问题，说明已进入市场的热量表表型由于受到其设计工作原理和工作模式的限制，确实不太适合于国内现有的集中供热流体水质。

因此建议相关部门能够大力支持相关企业加快研发和生产至少从基本工作原理上适合国内现有的集中供热流体水质的户用热量表表型（如刚起步的电磁式热量表），尽早推出适合国内现有的集中供热流体水质和供热计量工程现实国情的供热计量仪表，从而从根本上解决和提升热量表的耐久性可靠性以及热量表的整体使用质量。

二、执行严密而严格的生产制造工艺以保证产品的耐久性可靠性。

（一）采取对仪表产品的电子、电气元件进行组装前的高低温冲击老化工艺，实践证明对于提高仪表产品的稳定性和可靠性具有极其重要的作用。高低温冲击老化不仅能消除电子、电气元件在制造过程中形成的内应力，提高其工作的稳定性和可靠性耐久性，而且还能剔除电子、电气元件失效率盆浴曲线中前期高失效率的元件，降低组装成整机后元器件的工作失效率，从而达到“提升”仪表的整机可靠性耐久性运行质量的目的。

（二）根据仪表产品的具体结构，制订严密的工艺规范（元器件筛选工艺、外协外购零部件检验工艺、装配工艺、整机老化工艺、整机出厂检验工艺等）指导书。工艺规范指导书的编制应以法治原则为基础，同时必须保证它的可操作性、编制法制依据的可追溯性以及操作责任的可追溯性。对于工艺规范的每一操作步骤应强调“自检”“互检”“专业检”的所谓“三检”规则，以保证工艺规范的严格执行，从而保证“提升”产品的生产制造质量。

（三）实践证明，仪表产品出厂检验前的整机在产品最高使用温度（有条件的企业）的环境下进行一周以上通电连续运行老化试验，对于“提升”仪表产品整机可靠性耐久性特别是电子线路部分的工作使用质量，具有事半功倍的作用。建议电子式热量表生产企业对出厂检验前的整机，至少在室温下进行一周以上空载通电连续运行老化试验。

三、出厂前的模拟运行耐久性老化试验是检测和保证产品可靠性耐久性的有效措施。

“为什么在欧洲使用十几年都不会坏掉的热量表，其寿命在中国却只有半年呢？”笔者认为，除了目前已安装使用的热量表在比较特殊的国内集中供热的水质状态下，比较全面地显露了产品的设计缺陷以外，还在于在市场的初期，不少生产企业和一些相关部门出于种种众所周知的原因对产品出厂前的模拟运行耐久性老化试验没有从根本上引起足够的重视，也就无法检测和保证热量表产品的可靠性耐久性，从而导致流入市场的热量表产品出现使用损坏率如此之高、耐久性可靠性如此之低的痛心疾首的局面。欧洲热量表产品市场的成功经验完全证实了这一点。

不久以前王池所长和王树铎教授介绍推荐的使用德国兰吉尔公司推出的检测

热能表的耐久性性能模拟装置构思，用加速磨损试验的方法来确定热能表的耐久性可靠性。这种方法通过将机械能与热能进行转换的方式，将供热系统负荷变化的次数替代系统的实际运行状况而模拟检测热能表的耐久性性能。

对于机械叶轮式流量计，造成磨损老化影响耐久性的最主要因素是流量负荷的大小变化；而对于超声波流量计，造成换能器等老化影响耐久性的最主要因素是温度负荷的骤然变化。为此，为模拟这些工况并考虑采用比实际工况更为严酷的实验条件，装置需要在0流量和最大流量qs之间切换，以及最低温度和最高温度之间切换，并需采用与实际工况相近的已经污染了的水（如含有磁化粒子杂质等）。对于热能表的一个检定周期，模拟运行的时间应按每日4次负荷变化×每年供热200天×5年一个检定周期 = 4000次负荷变化估算，如负荷变化设计为每日288次（每5分钟一次）的负荷变化，那么要达到4000次的负荷变化，模拟装置就只需要大约运行14天。而对于“标准”规定的“耐久性试验方法”的试验持续时间为2400h（100天），模拟运行的时间应按每日4次负荷变化×100天 = 400次负荷变化估算，如仍设计负荷变化为每5分钟一次，则模拟装置仅需大约运行1.4天。至于对表具进行30天模拟现场运行的工艺老化，模拟运行的时间仍按每日4次负荷变化×30天 = 120次负荷变化估算，负荷变化仍设计为每日288次（每5分钟一次），模拟装置就只需要大约运行120 ÷ 288 = 0.41天。根据华罗庚的优选法，仅需进行0.41天×0.618 = 0.25天 = 6小时的模拟运行时间，即可达到对表具的工艺老化目的。

根据华罗庚的优选法，按1.4天×0.618约1天，对电磁式热量表进行了对于“标准”规定的“耐久性试验方法”的相应试验，证实了用这种模拟试验的方法来确定热能表的可靠性耐久性性能是确实高效可行的。因此根据上述构思，设计制造一种“热能表模拟流量温度耐久性老化装置”，以便能对每批产品按优选法抽样进行模拟流量温度耐久性试验，以随时掌握并确保每批产品的耐久性性能指标，进而延伸为对每台产品进行模拟流量和温度冲击耐久性老化试验，以确保热能表产品可靠性耐久性性能指标的“提升”。我们愿与有志之士进一步共同探索这一课题，有意者请联系。

四、以优良的售前售后服务和科学的管理模式确保热能表产品的可靠性耐久性。

（一）对现实客户和潜在客户建立售前服务网络，定期或不定期的对客户的相关人员进行专业技术培训，指导产品使用者在使用前就初步了解产品的基本工作原理、基本性能指标、正确的安装使用方法和一般故障的处置方法，从而最大限度地避免或减少由于对产品的基本性能缺乏了解以致安装使用不当而造成人为的产品质量问题。此外还应建立比较完善的售后产品档案以及售后产品质量征询制度、售后产品质量定期跟踪回访制度，详细正确地掌握售后产品的质量，为进一步“提升” 热能表产品的可靠性耐久性积累原始素材。对于条件比较成熟的地区，充分利用当地的各种资源组建一支较强阵营的售前售后服务队伍或机构，以便及时、高效、全方位地确保售后热能表产品可靠耐久的使用质量。

（二）出于供热计量对节能减排的特殊性，建议在政府节能主管部门的策划下，建立以能源技术工程服务公司为主体，产品生产企业及供热中心相结合的创新管理体系，确立供热单位作为供热计量收费的责任主体负责供热计量装置和室内温控装置的采购、安装；供热企业全过程参与供热计量工程的明确职责，组织热能表生产企业配套城市供热计量工程全方位服务合作，并实行合同能源管理的战略联盟管理运作模式。这种管理运作模式能够迅速有效解决目前在供热计量工程实践中，户用热量表的故障率较高、城市供热公司对计量产品质量不放心、供热计量改造初始费用高、售后配套系统服务不到位、缺乏第三方全程监督、最终甚至可能引发会纠纷等棘手问题，是一种有效调动各个方面的积极性和责任心、一种切实符合实际国情、符合市场经济客观规律的供热计量工程创新型的管理运作模式。这种科学的管理模式也是当前“提升” 热量表可靠性耐久性使用质量的重要保障 。

5.3 耐久性模拟检测装置和操作方法

5. 3. 1耐久性模拟检测老化装置的工作机理

中华人民共和国城镇建设行业标准《热量表》（CJ128—2007）关于“耐久性”的试验方法规定：

在介质温度为Tmax-5℃，流量为Qmax时，使流量传感器连续运行300h后，检测流量传感器的准确度，应符合本标准5.5.4条的规定。而欧洲热量表的标准（EN1434-4 2007）中规定的“耐久性测试方法”的试验持续时间是2400h。长达100天的测试时间和高要求的测试设备使得测试费用会非常昂贵。显然，当前在中国，可以说几乎是无法实施的。

德国兰吉尔公司根据巴斯昆定律，将巴斯昆定律中的机械负荷变化转换为供热系统中的热负荷变化。通过将机械能与热能进行转换，将负荷变化的次数，而不是持续运行时间作为检测参数，研究了负荷变化的次数替代实际运行时间的测试方法，从而实现了热量表流量计长期可靠性耐久性性能的快速模拟检测。这就是耐久性模拟检测装置的工作机理。

对于机械叶轮式流量计，造成磨损老化影响耐久性的最主要因素是流量负荷的大小变化；而对于超声波流量计，造成换能器等老化影响耐久性的最主要因素是温度负荷的骤然变化。为此，为模拟这些工况并考虑采用比实际工况更为严酷的实验条件，装置需要在0流量和最大流量Qs之间切换，以及最低温度（室温）和最高温度之间切换，并需采用与实际工况相近的已经污染了的水（如含有磁化粒子杂质等）。

模拟运行的时间应按每日4次负荷变化×每年供热200天×5年一检定周期=4000次负荷变化估算，设计为每日288次的负荷变化，那么要达到4000次的负荷变化，模拟装置就只需要大约运行14天。

而对于“标准”规定的“耐久性试验方法”的试验持续时间为2400h（100天），模拟运行的时间应按每日4次负荷变化×100天=400次负荷变化估算，如仍设计负荷变化为每5分钟一次，则模拟装置仅需大约运行1.4天。

对产品进行运行老化试验，可根据华罗庚的优选法，按1.4天×0.618约1天的模拟运行时间，对电磁式热量表进行相应的高低温度和大小流量交叉交替变化运行老化试验，以提升产品的工作耐久性性能。

5.3.2耐久性模拟检测老化装置的系统设计

一、耐久性模拟检测老化装置的组成

耐久性模拟检测老化装置由冷、热水流体循环系统、循环流体流量调节和稳流系统、循环流体加热和恒温系统、试验表具夹持系统、时序和电气控制系统、手动（含手动自动切换）操作系统以及智能化自动操作系统等组成。

二、耐久性模拟检测老化装置工艺流程图

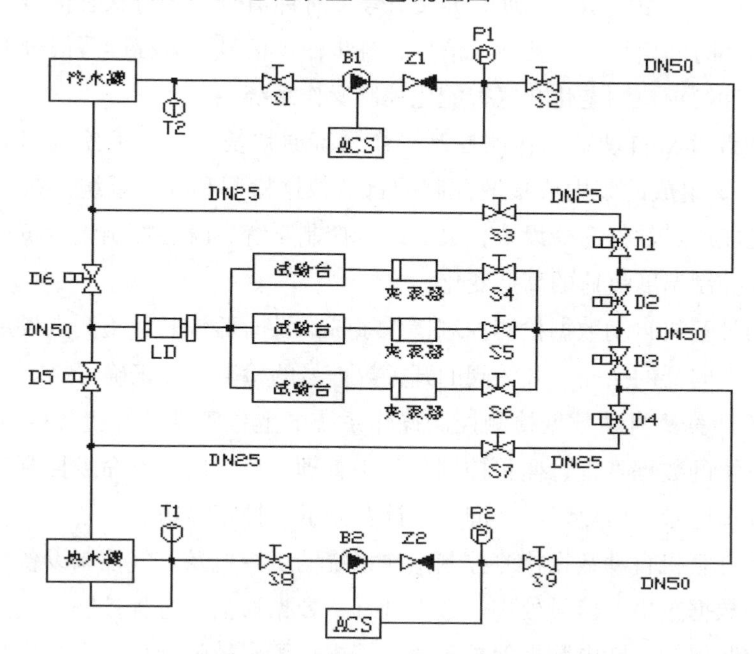

图5-1 耐久性模拟检测老化装置工艺流程图

三、耐久性模拟检测老化装置的智能化设计要素

（一）操作功能

1.信号的采集功能；

2.双向读写控制功能；

3.数据和状态显示以及储存功能；

4.数据统计处理、历史资料查询、打印功能；

5.操作控制信号发送功能；

6.系统的安全保护功能。

（二）需采集的信号：

1.冷（室温）、热水循环流体温度信号T1，T2（4 ~ 20mA）；

2.冷（室温）、热水循环流体压力信号P1，P2（4 ~ 20mA）；

3.冷（室温）、热水循环流体流量信号Q_0（4 ~ 20mA）；

4.时序控制器“MODBUS”通讯协议信号（时钟信号、运行状态信号、步序信号、步序循环时间信号、启动输入信号、跳步输出信号、编程读写信号）。

四、耐久性模拟检测老化装置智能化控制操作系统

智能化的计算机自动数据检测控制操作系统通常是一个由工控机和上位管理计算机（PC）组成的集中或集散控制的自动数据检测和处理系统。按实际需求，该系统应能通过软件命令设置，灵活组合控制系统，既能控制流量负荷的大小变化，也能控制温度负荷的高低变化。

智能化的计算机自动数据检测控制操作系统的计时器计时、检测点设定、检测参数采集、换向器的换向、开关阀的开关等信号的检测，应正确可靠。

智能化的计算机自动数据检测控制操作系统的上位管理计算机（PC）系统主要负责全系统的数据处理、监督控制与集中管理运行，应具有命令控制、参数设置、数据处理记录、历史资料查询、统计及显示、打印等功能。

智能化的计算机自动数据检测控制操作系统的工控机及电气控制设备主要负责检定现场的数据采集、信号处理、数据处理、数据通信、过程控制、安全运行显示、电气控制保护、断电数据保护、紧急情况报警和故障处理，系统应具有良好的可操作性和完备的安全监控保护功能。

第六章　电磁式热量表的校准

6.1 热量表的计量精度

热量表共分为三个精度等级，即：一级表、二级表和三级表。首先需要说明的是热量表的精度等级不能用一个固定的误差数字来描述，比如2%或5%等等，因为即便同一精度等级的热量表，随着工作条件不同，对它的误差要求也是不同的。

一、整体式热量表的计量精度

由于整体式热量表的各计量部件在逻辑上是不可分割的，所以它的精度必须由标准装置一次性给出，它的误差极限分别由式（6–1）、（6–2）、（6–3）给出。

一级表：$E=\pm[2+4(\Delta t_{min})/(\Delta t)+0.01(q_p)/(q)]\%$ 式（6–1）

二级表：$E=\pm[3+4(\Delta t_{min})/(\Delta t)+0.02(q_p)/(q)]\%$ 式（6–2）

三级表：$E=\pm[4+4(\Delta t_{min})/(\Delta t)+0.05(q_p)/(q)]\%$ 式（6–3）

其中：E——相对误差极限，%；

Δt_{min}——最小温差，℃；

Δt——使用范围内的温差，℃；

q_p——常用流量，m^3/h；

q——使用范围内的流量，m^3/h。

二、分体式热量表的计量精度

分体式热量表的计量精度是由组成热量表的三个部分：流量计、温度传感器和积算器各自的计量精度共同决定的，其误差极限是上述三个部件各自误差的算术和（也就是绝对值的和）。其中，各部分的误差极限分别计算。

（一）流量传感器误差极限公式：

一级表：$E=\pm[1+0.01(q_p)/(q)]\%\leq5\%$ 式（6–4）

二级表：$E=\pm([2+0.02(q_p)/(q)]\%\leq5\%$ 式（6–5）

三级表：$E=\pm[3+0.05(q_p)/(q)]\% \leqslant 5\%$ 式（6–6）

其中：q_p——常用流量，m^3/h；

Q——使用范围内的检测点流量，m^3/h。

（二）配对温度传感器的温差误差极限公式：

$E=\pm[0.5+3(\Delta t_{min})/(\Delta t))\%$ 式（6–7）

其中：Δt_{min}——最小温差，℃；

Δt——使用范围内的温差，℃。

（三）积算器误差极限：

$E=\pm(0.5+(\Delta t_{min})/(\Delta t))\%$ 式（6–8）

其中：Δt_{mi}——最小温差，℃；

Δt——使用范围内的温差，℃。

可以看出，在分体式热量表中，由于流量计精度分为三个级别，所以导致分体式热量表的计量精度也分为三个级别，也可以说分体式热量表的计量精度取决于流量传感器的精度。

6.2 热量表的检测方法

热量表的检定从原则上来说，应当尽可能模拟实际工作的状态来进行。但是热量表的实际状态是由流量和温差两个参数的任意组合而确定的，很难模拟所有的实际状态，所以，通常用下面的方法进行检测。

一、整体检定法

整体式热量表最好用整体检测方法进行检定，具体做法是由实验室标准的检定装置分别设定一个流量和温差，热量的标准值由标准装置直接给出，把被检热量表的热量示值与标准装置的实流标准值进行比较，即可得到被检热量表的误差。只有这种检定方法对于热量表才是真正意义上的实流检测，但是，这种方法对于检定装置的要求是极高的，目前国内尚无这种检定装置。

二、分体检定法

分体检定法就是用不同的检测装置对热量表的三个组成部分，流量传感器、温度传感器和积算器分别进行检定，在得到三个部分的误差后，它们的算术和即认为是热量表的整体误差，而且不再产生新的误差。具体做法是：

（一）流量传感器的检定：就是只检测流量计在流量计量方面的性能，其性质就如同检测一块水表，不过对于热量表的流量计，还要检测其在不同温度的热水状态下的计量特性。一般的做法是，根据被检流量计的额定流量Qn在标准装置上设定不同的流量点（流速）和不同的温度条件，来综合考察被检流量计的误差。流量点的设定如下：

出厂检验分三点：$1.1q_{min}$，$0.1q_p$，q_p

型式检验分六点：$1.1q_{min}$，$0.1q_p$，$0.3q_p$，$0.5q_p$，q_p，$0.9q_p$，

其中：q_p——常用流量，m^3/h；

q_{min}——最小流量，m^3/h。

以上流量点分别在常温、55+/-5℃、85+/-5℃的条件下各测量一遍。

所得到的测量结果按下式计算误差：

E=（示值-标准值）/ 标准值 × 100%　　　　式（6-9）

其中标准装置通常采用容积法、称重法和标准表法三种。容积法受温度的变化和介质的气化影响较大，所以很少采用。目前流行的做法是把称重法和标准表法结合使用，即用标准表来保证操作的自动化，用称重来保证检测的精度。

（二）温度传感器的检定：如果某些整体表的温度传感器和积算器是固定在一起的，那么将把温度传感器的误差和积处器的误差是加在一起的，否则，就地温度传感器进行单独检定。其做法是，把温度传感器放入恒温装置中，在不同的温度点下，考察其所示温度与标准温度的误差。需要注意的是，对于温度传感器不光要进行单支检测，更重要的是还要检测其配对误差。

（三）积算器的检定：由于积算器的设计原理各不相同，所以最好针对其各自的原理使用相应的检定方法。具体做法是，通过模拟装置把温差信号和流量信号输入积算器，然后考察其热（冷）量计算结果与理论计算结果的误差。

（四）关于首次检定：作为计量器具，热量表在安装使用前必须由国家有关部门进行安装前的首次检定。首次检定与生产检定或型式检定在检测方法上是有

区别的，因为首次检定的热量表是作为商品进行的使用前的检定，其检定方法不能对产品本身产生影响甚至损坏，这样就意味着，难以用分体检定的方法对其进行检定，需根据具体产品具体对待。

6.3 热量表的实验室校验

6. 3. 1电磁流量传感器流量实流校准

电磁流量传感器在制造厂出厂前和使用一段时期后离线的周期检定，均在实验室专用流量校准装置上用水作为流体进行实流校准，以确定仪表的流量参数指示值及其准确度。

电磁流量计在流量标准装置上校准时与标准值的比对方法可分为流量法和总量法两类。

流量法就是瞬时流量比对法，这种方法要求在预定的稳定流量下进行，仪表在预定的示值流量（q_v）m下运行一段时间t后，在标准装置上收集到流过仪表的流体容积Vs，求得标准流量 $(q_v)_s = V_s / t$ ，然后比较 $(q_v)_s$ 与（q_v）m。这是传统的仪表实流校准方法，要求在t时间内流量q_v有较高的稳定性。由于这种方法对标准装置的流量稳定性要求比较高，因此极少采用。

总量法是比对仪表的累积体积流量值Vm和标准装置测得的标准体积Vs，以确定仪表的示值或误差。虽然校准是在指定的流量下进行，由于比对的量是总量，所以对流量稳定性的要求可以低些。

流量仪表采用总量法校验方法后，降低了对流量稳定性的要求，简化了流量标准装置维持流量稳定性的设施，特别在大型装置上大幅度降低了高位槽溢流所需能量消耗。这种方法已普遍为仪表制造厂所采用。但是传统的检验方法在研究和计量机构内仍处于重要地位，用来研究开发或评定流量仪表的性能。

目前，电磁流量计实流校准常用的方法有：容积—时间法、质量—时间法和标准流量计比对法。前两者所用流量标准装置称原始标准装置，后者称传递标准装置。

一、电磁流量传感器流量实流校准标准装置

（一）容积—时间法流量实流校准标准装置

一种典型的装置结构如图6—1所示，其工作原理简述如下：首先水泵2将水池1中的水打入水塔4，在整个实验过程中使水塔处于有溢流状态，以保证系统的压头不变。

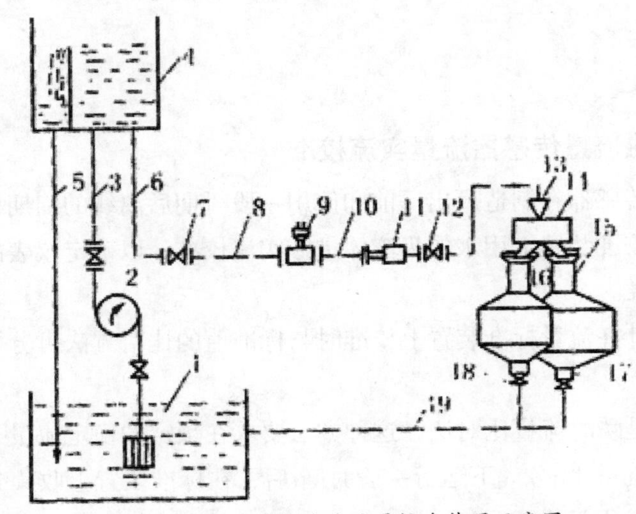

图6—1 容积—时间法法流量校准装置示意图

1—水池；2—水泵；3—上水管；4—水塔或稳压容器；5—溢流管；6—试验管路；7—截止阀；8—上游侧直管段；9—被检流量计；10—下游侧直管段；11—夹表器；12—流量调节阀；13—喷嘴；14—换向器；15、16—工作量器；17、18—放水阀；19—回水管路

检测时流体的流程是，打开截止阀7，水通过上游侧直管段8、被检流量计9、下游侧直管段10、夹表器11、调节阀12和喷嘴13流出试验管路。

在试验管路出口处装有换向器14，转向器是用来改变液体的流向，使水流流入工作量器16或15中，换向器是用来改变液体的流向，使水流流入工作量器16或15中，换向器启动时触发计时控制器，以保证水量和时间的同步测量。试验时，可根据流量的大小选用一个工作量器计量水量，若选用工作量器15，则关闭放水阀17、打开放水阀18，并将转换器置于使水流向工作量器16的位置。用调节阀12将流量调到所需流量，待流量稳定后，启动换向器，将水流由工作量器16换入工作量器15。换向器动作过程中启动计时器计时和被检流量计的脉冲计数器计数。当到达预定的水量或脉冲数或时间时，即操作换向器，使水流由工作量器15换向到工作量16。记录工作量器15所收集的水量Vs、计时器显示的测量时间t和脉冲计数器显示的脉冲数（或被检流量计的指示流量）。

从标准水量Vs可得标准流量（q_V）s

$$(q_v)_s = \frac{V_s}{t} \qquad 式（6—10）$$

用算得的流量（q_v）s或标准水量Vs与被检流量计的指示流量（q_v）m或累积流量Vm比较，确定被检流量计的误差δ。

$$\delta = \frac{(qv)_s - (qv)m}{(qv)m} \times 100\% \qquad 式（6—11）$$

或

$$\delta = \frac{V_s - V_m}{V_m} \times 100\% \qquad 式（6—12）$$

此方法比较成熟，目前国内外用得最多，使用简单，容易掌握。装置各组成部分都进行过深入的理论分析和实验研究，积累了很丰富的技术资料。

相关的标准有：

国际标准化组织（ISO）颁布关于实流校验标准有：ISO 8316（1987）《封闭管道中液体流量测量——容积法》；ISO 4185（1980）《封闭管道中液体流量测量——称量法》；评定电磁流量计性能方法的有：GB/T18659—2002《封闭管道中液体流量测量——液体电磁流量计的性能评定方法》，等同采用ISO 9104（1991）。

我国国家技术监督局颁布有水流量标准装置检定规程JJG164—2000《液体流量标准装置》，但JJG164—2000较为简略；而被其代替的JJG164—86《静态容积法水流量标准装置检定规程》叙述较为详细。虽然作为法规已无效，但技术上还是很有参考价值的。电磁流量计适用的检定规程是JJG198—94《速度式流量计检定规程》。

1.容积—时间法流量校准装置的操作方法

（1）校准前的准备

①流量标准装置及其辅助测量仪表均应有有效的检定合格证书；

②装置的误差应不超过被检流量计基本误差限的1/2；

③按GB/T18695—2002等标准、检定规程的规定或流量计上、下游侧的直管段其内径与流量计的公称通径D_N之差，一般应不超过D_N的±3%，并不超过±5mm；

④流量计与管道连接处的密封件，即密封垫圈，其内径应略大些，不得突入流通通道以内，避免影响流动状态。这种贴邻在电磁流量传感器进口端的流动扰动，会严重影响测量值；

⑤对准确度不低于0.5级的流量计，流量计上游10DN长度内和下游2DN长度内的直管段内壁应清洁，无明显凹痕、积垢和起皮等现象；

⑥当上游直管段长度不够时，可以安装流动调整器。虽然电磁流量计使用时可以任何姿势安装，但校准时分水平和垂直两种。

（2）校准的步骤

①按进行检定试验的管路口径及流量大小，选择相应的水泵；

②如系统采用压缩空气动力，开启空压机，达到系统要求的气源压力，以保证换向器的快速切换和夹表器的正常工作；

③流量计正确安装联线后，应按照检定规程的要求通电预热30min左右；

④如采用高位槽水源，应查看稳压水塔的溢流信号是否出现。在正式试验前，应按检定规程要求，用检定介质在管路系统中循环一定时间，同时检查一下管路中各密封部位有无泄漏现象；

⑤在开始正式检定前，应使检定介质充满被检流量计传感器，再关断下游阀门进行零位调整；

⑥在开始检定时，应先打开管路前端的阀门，慢慢开启被检流量计后的阀门，以调节检定点流量。

⑦在校准过程中，各流量点的流量稳定度应在1%～2%之内——流量法，而总量法则可在5%以内。在完成一个流量点的检定过程时检定介质的温度变化应不超过1℃，在完成全部检定过程时，应不超过5℃。被检流量计下游的压力应足

够高，以保证在流动管路内（特别在缩径短内）不发生闪蒸和气穴等现象；

⑧每次试验结束后，都应首先将试验管路前端的阀门关闭，然后停泵，以免将稳压设施放空。同时必须把试验管路中的剩余的检定介质都放空，最后关闭控制系统与空压机。

（3）校准的时间和校准点

每次测量时间应不少于装置允许的最短测量时间，最短时间一般应不少于30s，且对A类仪表（指带频率输出的电磁流量计，带频率输出的插入式电磁流量计）应保证一次检定中流量计输出的脉冲数的相对误差绝对值不大于被检流量计重复性的1/3。

检定试验时，仪表性能时的校准点一般规定为：对A类仪表，校准点应包括qmin，$0.07q_{max}$，$0.15q_{max}$，$0.25q_{max}$，$0.4q_{max}$，$0.7q_{max}$和q_{max}，当后几个校准点流量小于q_{min}时，此校准点可不计。

对B类仪表（指输出模拟信号或可直接显示瞬时流量的电磁流量计），校准点应包括q_{min}和q_{max}在内的至少5个检定点，且均匀分布。

非检定试验时，仪表性能校准（如制造厂出厂校准）时，可规定较少校准点。

（4）校准次数和校准周期

①标准次数：每个校准点至少校准三次。对0.1级、0.2级流量计，每个校准点至少校准六次。

②校准周期：检定规程JJG 198—94《速度式流量计检定规程》规定准确度为0.1、0.2、0.5级的流量计，其校准周期为半年。对准确度低于0.5级的电磁流量计，一般规定校准周期为两年，也有较长周期的。此外，有些场所在实际操作中要严格按规程做十分困难。例如，大口径电磁流量计安装拆卸困难，实际上在周期校准中很难实现实流校准，常常采用在线周期检定和检查。

（二）质量—时间法流量实流校准标准装置

本方法与容积—时间法相仿，仅用精确的衡器代替标准容器，如图6—2所示。因衡器的精度高，所以质量—时间法的校准精度要比容积—时间法更高些，基本误差可以在0.02%～0.05%之间。

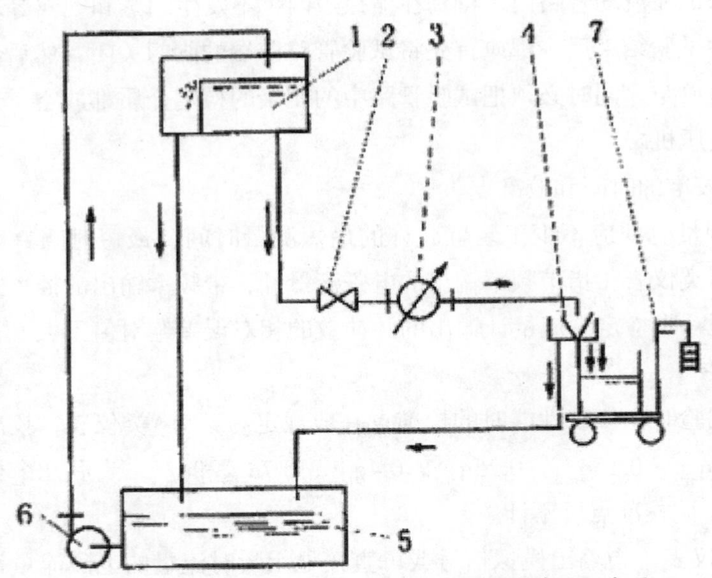

图6—2 质量—时间法流量校准装置示意图

1—正压容器；2—阀；3—被检流量计；4—换向器；5—下水池；6—泵；7—标准衡器

电磁流量计测量的是体积流量，在装置上用水进行重量—时间法校准时要考虑密度变化的影响和浮力修正问题，流量可按下 $Q=60\frac{W}{p_w t}(1+\varepsilon)$ 计算 $(1/\min)=3.6\frac{W}{p_w t}(1+\varepsilon)$ (m^3/h) 式（6–13）

式中　W——衡器称得 p_w 水重量，kg;

——水的密度，kg/l;

t——测量 ε 间（水流入衡器的时间），s;

$\varepsilon=pA\left(\frac{1}{p_w}-\frac{1}{p_y}\right)$——空气浮力修正系数:

PA　　式（6–14）

p_w　式中 ——空气的密度，kg p_y m3;

——水的密度，kg/m3;

——砝码材料密度，kg/m3。

温度/（℃）	5	6	7	8	9	10	11	12
密度/（kg/l）	0.99996	0.99994	0.99990	0.99985	0.99978	0.99970	0.99960	0.99950
温度/（℃）	13	14	15	16	17	18	19	20
密度/（kg/l）	0.99938	0.99924	0.99910	0.99894	0.99877	0.99859	0.99840	0.99820
温度/（℃）	21	22	23	24	25	26	27	28
密度/（kg/l）	0.99799	0.99777	0.99754	0.99729	0.99704	0.99678	0.99651	0.99623
温度/（℃）	29	30	31	32	33	34		
密度/（kg/l）	0.99594	0.99565	0.99534	0.99502	0.99470	0.99437		

表6—1 水在不同温度下的密度

本类装置是精确度最高的装置。因液体静止时称重，管路系统没有任何机械连接，不受流动的动力影响。可采用高精确度的称重设备，如精确度0.01%～0.005%的标准衡器。装置的精确度一般为0.05%～0.1%，最高可达0.02%。

（三）标准表比对法流量实流校准标准装置

上述两种标定方法的设备都比较复杂，投资较大，不是每一个单位都有条件设置的。采用标准表比较法就较为简单方便。

本方法是用精确度高一等级的标准流量计与被校验流量仪表串联，流体同时流过二者，比较二者的示值，确定被检表的误差，达到校准的目的。

这种方法费用最省，操作简单，也有制成流动车装式标准表校准设备的。本方法近年来为国内各界重视和认可，国家技术监督局制作了相应的“检定规程”，颁布有JJG643—94《标准表法流量标准装置检定规程》。

装置准确度应不低于被检表准确度的1/2。标准表的前后直管段，一般不小于同类型普通表直管段的长度，被校表的前后直管段，应满足该表说明书要求。标准表与被校表之间连接管段的容积，在满足直管段要求的条件下应尽量小。流量调节阀一般应安装在表的下游侧，调节性能要稳定。

图6—3所示是通用的一台标准流量计（通常为涡轮流量计或电磁流量计）与被校准流量计串联的标准表比对法流量校准装置示意图。

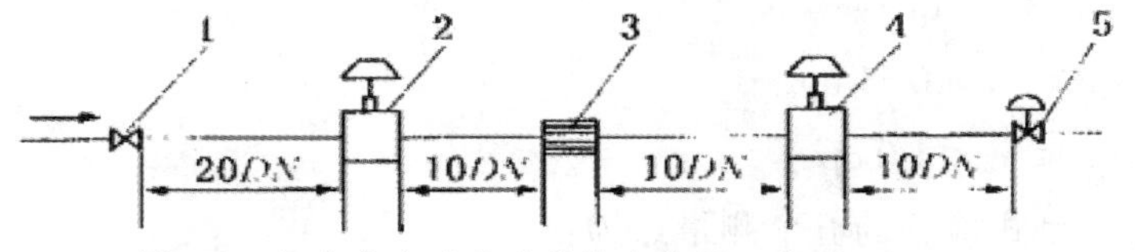

图6—3 标准表比对法流量校准装置示意图

1—截止阀；2—被校流量计；3—流动调整器；4—标准流量计，5—流量调节阀

被校准流量计2装在标准流量计4的上游，中间装有流动调整器3，流量调节阀5装在标准流量计4的后直管段10DN后，通过流量调节阀5调节流体的流量到所需要的值。如标准流量计不用涡轮流量计而用电磁流量计校准电磁流量计，则毋需装流动调整器3，被校准流量计前和两流量计间直管段长度均可缩短为10DN。

二、电磁流量传感器流量实流校准和校准结果的计算

（一）校准的基本规范

1.进行测试时，流量传感器的前后管道应为直管段，直管段长度应按被测流量传感器的规定执行。

2.环境条件

室内温度：15℃～35℃；

相对湿度：25%～75%；

大气压力：80 kPa～106kPa。

3.流量传感器测试水温

（1）热量表：

出厂检验：（50±5）℃；

型式检验：（θ min+5）℃；（50±5）℃；（85±5）℃。

（2）冷量表：

出厂检验：（15±5）℃；

型式检验：（5±1）℃；（15±5）℃。

（3）冷热量两用表。

出厂检验：（50±5）℃；

型式检验：（5±1）℃；（15±5）℃；（50±5）℃；（85±5）℃。

4.流量测量点

（1）出厂检验的三个测量点为：

$q_i \leqslant q \leqslant 1.1\ q_i$；

$0.1\ q_p \leqslant q \leqslant 0.11\ q_p$；

$0.9\ q_p \leqslant q \leqslant 1.0\ q_p$。

（2）型式检验的五个测量点为：

$q_i \leqslant q \leqslant 1.1\ q_i$；

0.1 qp ≤ q ≤0.11 qp；

0.3 qp ≤ q ≤0.33 qp；

0.9 qp ≤ q ≤1.0 qp；

0.9 qs ≤ q ≤1.0 qs 。

5.示值检定

（1）准确度测试每个点测量1次。

（2）一次测量包括测量、记录流量标准装置的读数和流量传感器有效读数。

（二）校准结果的计算

流量传感器第 j 个测量点的示值相对误差 E_j 按公式（6–15）计算。

$$E_j = \frac{q_j - q_{sj}}{q_{sj}} \times 100\%$$ 式（6–15）

式中：

Ej —— 流量传感器第 j 个测量点的示值相对误差；

qj —— 第j个点流量传感器的读数，（j =1，2……n），单位为立方米（m3）；

qsj —— 第j个点的标准装置读数，单位为立方米（m3）。

将 q_{sj} 代入公式计算，最大误差限不超过 5% 时，计算出该流量传感器的误差限曲线。而实测传感器的相对误差限 E_j 在上述标准装置的误差界限内为合格。若有不合格点，应重复测试两次，两次均合格为合格，否则为不合格。

6. 3. 2 热电阻温度传感器实验室校准

一、温度检测标准装置

温度标准装置应符合6.1的规定。

二、环境条件

室内温度：15℃ ~ 35℃；

相对湿度：25% ~ 75%；

大气压力：80kPa ~ 106 kPa 。

三、测量点

（一）温度传感器在测试时不应带外护套管。温度传感器应在以下温度范围中选择3个测量点，其高温、中温、低温应在热量表工作温度范围内均均匀分布：

（5±5）℃、（40±5℃、（70℃±5）℃、（90±5）℃、（130℃±5）℃、（160℃±10）℃。

（二）配对温度传感器温差的误差测试应在同一标准温槽中进行，配对温度传感器测试时不应带保护套管，其3个测量温度点的选择按表6–2。

表6–2 配对温度传感器温差的误差测试点

测试温度点	温度下限 θ min	测试温度点的范围	
		供热系统	制冷系统
1	< 20 °C	θ min ~ θ min + 10 K	0 ° C ~ 10 ° C
	≥ 20 °C	35 ° C ~ 45 °C	—
2	—	75 ° C ~ 85 °C	35 ° C ~ 45 °C
3	—	θ max –30 K ~ θ max	75 ° C ~ 85 °C

温度传感器在测试时，浸入深度不应小于其总长的90%。

四、示值校准

（一）准确度测试每个点测量3次。

（二）一次测量包括测量、记录温度标准装置的读数和温度传感器有效读数。

五、测试结果计算

（一）单只温度传感器温度误差

温度传感器第 j 个测量点第 k次的基本误差按式（6–16）计算；第 j 个测量点的基本误差按公式（6–17）计算；温度传感器的基本误差按公式（6–18）计算。

$$R_{jk} = \theta_{jk} - \theta_{sjk} \qquad 式（6–16）$$

式中：Rjk —— 温度传感器第 j 个检测点第 k 次的基本误差值，单位为摄氏度（℃）；

θ jk —— 第j个点第k次的温度传感器的读数（j=1，2……n），（k =1，2……m），单位为摄氏度（℃）；

θ sjk —— 第j个点第k次的标准装置读数值，单位为摄氏度（℃）。

$$R_j=\frac{1}{m}\sum_{k=1}^{m}R_{jk}$$ 式（6–17）

$$R=\left(R_j\right)_{max}$$ 式（6–18）

式中：

Rj ——第 j 个测量点的基本误差值，单位为摄氏度（℃）；

R ——温度传感器的基本误差值，单位为摄氏度（℃）；

（Rj）max —— 测试中各测量点基本误差的最大值，单位为摄氏度（℃）。

温度传感器的基本误差应符合B.4.1的规定。

（二）配对温度传感器温差误差

测量计算温度标准装置温差和配对温度传感器温差有效读数，并按公式（6–19）计算相对误差：

$$E_{jk}=\frac{\Delta\theta_{jk}-\Delta\theta_{sjk}}{\Delta\theta_{sjk}}\times100\%$$ 式（6–19）

式中：

Ejk —— 相对误差；

Δ θ jk —— 第 j 个检测点第 k 次的配对温度传感器温差值（j =1，2……n），（k=1，2……m），单位为开（K）；

Δ θ sjk —— 第 j个检测点第 k 次的标准装置温差读数值，单位为开（K）。

标准装置第j个测量点m次测量值的平均温差按公式（6–20）计算：

$$\Delta\theta_{sj}=\frac{1}{m}\sum_{k=1}^{m}\Delta\theta_{sjk}$$ （6–20）

式中：

Δ θ s —— 标准装置第j个测量点m次测量值的平均温差，单位为开（K）。

将Δ θ sj计算结果代入公式（9），计算出配对温度传感器温差误差限曲线E θ =f（Δ θ sj）

第j点的配对温度传感器温差误差Ej按公式（6–21）计算。

$$E_j = \frac{1}{m}\sum_{k=1}^{m} E_{jk} \qquad (6-21)$$

各点的 Ej 值在 Ej= f（Δ θ sj）界限曲线内为合格，若有不合格点，则该点应重复测试2次，2 次均合格为合格，否则为不合格。

六、当温度传感器和计算器不可拆分时，可对组件使用温度传感器的试验条件进行试验，配对温度传感器在各温度点测量的温度值与标准温度计测量的温度值之差的绝对值应不大于2° C；配对温度传感器的供水温度传感器与回水温度传感器在同一温度点测量的温度值之差应满足最小温差的准确度规定。

6. 3. 3 电磁式热量表运算转换器的实验室校准

本检测操作借助于模拟进、回水温度的二台标准电阻箱和一台模拟流量的电磁流量模拟信号发生器组合而成的标准校准装置进行。操作时读取并记录标准电阻箱某阻值下对应的模拟进、回水温度值以及在电磁流量信号发生器的某一模拟信号下热能运算器的流量和热量显示值，以此求得每个检测点热能运算器的热量理论值和热能运算器的热能显示值进行比对，从而得出热能运算器的基本误差。

一、操作规范

（一）环境条件

室内温度：15℃ ~ 35℃ ；

相对湿度：25% ~ 75% ；

大气压力：80 kPa ~ 106 kPa。

（二）计算器预热不少于30min;

（三） 精确度每个检测点测量3次；

（四） 一次测量操作包括测量、记录电信号标准装置的i检测点第J次读数C_{sij}和被检计算器的相应电信号有效读数C_{ij}；

（五）计算器检测点应在下列模拟温度、模拟温差、模拟通水时间和模拟流量范围内进行：

1.回水温度＝（t_{min}+5） ℃和温差为△t m i n℃，5℃ ，20℃三个温差点测试；

2.进水温度＝（t_{max}－5） ℃和温差为10℃，20℃，△t m a x℃三个温差点

测试；

3.模拟水流量为q_{min}至q_{max}内任一点流量（一般取q_{max}的相应模拟量）；

4.模拟通水时间统一为120S。

二、热量表热量理论值计算公式

$Q=\int_{o}^{t} q_{m} \bullet \Delta h \bullet td$　式（6–22）

式中：Q——释放或吸收的热量 kJ；

q_m——流经热能表中载热液体的质量流量 kg/s^{-1}；

Δh——热系统中入口温度与出口温度对应的载热液体的比焓值差 kJ/kg^{-1}；

t — 时间S （模拟通水时间统一为120S）。

温 度（℃）	10℃	13℃	15℃	30℃	50℃	70℃	80℃	90℃
焓值（kJ.Kg–1）	42.605	55.178	63.554	126.28	209.85	293.53	335.45	377.45
密 度（kg.m–3）	999.94	999.61	999.34	995.87	988.25	977.98	972.01	965.54

表6–3 常用检测温度点下，水的相应焓值和密度值

三、热能计算器精确度计算

（一）计算器第i检测点第j次的基本误差E_{cij}按下式计算：

$E_{cij}=\frac{C_{ij}-C_{sij}}{C_{sij}}\times 100\%$　式（6–23）

式中：c_ij——计算器第i检测点第j次的示值读数（i＝1.2……n、j＝1.2……m），c_{sij}——校准装置第i检测点第j次的读数相对应的计算器理论计算值。

（二）计算器第i检测点的基本误差E_{ci}按下式计算：

$E_{ic}=\frac{1}{m}\sum_{j=1}^{m} Ec_{ij}$ 式（6–24）

（三）计算器检定时第i个检测点的标准校准装置的平均温差值Δt_{si}按下式计算：

$\Delta t_{si}=\frac{1}{m}\sum_{j=1}^{m}\Delta t_{sij}$　式（6–25）

式中：Δt_{sij}——计算器检定时第i个检测点第j次标准装置给定的温差值，

将Δt_{si}逐一代入（2）式即可得出计算器各检测点的误差限E_c：

$E_c=\pm\left(0.5+\frac{\Delta t_{min}}{\Delta t}\right)\% \approx \pm 0.5\%$ 式（6–26）

计算器的每一个检测点的示值基本误差E_{ci}都必须小于Ec 即为合格。 若有一次不合格，则该点应重复测试2次，2次均合格为产品合格，否则为不合格。

6.4 电磁式热量表的检验规则

检验分类：热量表检验分为出厂检验和型式检验。

一、出厂检验

1.出厂检验项目应按表 5 的规定执行；

2.出厂检验应对每块热量表逐项检验，所有项目合格时为合格；

3.出厂检验合格后方可出厂，出厂时应附检验合格报告。

二、型式检验

（一）热量表在下列情况时应进行型式检验：

1.新产品或老产品转厂生产的试制定型鉴定时；

2.正式生产后，当结构、材料、工艺有较大改变，可能影响产品性能时；

3.停产1年后恢复生产时；

4.正常生产时，每3年；

5.国家质量监督机构提出要求时。

（二）型式检验项目应应按表6–3 的规定执行。

表6–3 检验项目表

项目名称		出厂检验	型式检验	要求	试验方法
显示	显示内容	√	√	5.2.1	6.2.1
	显示分辨力	×	√	5.2.2	6.2.2
	热量显示值	×	√	5.2.3	6.2.3
数据存储		×	√	5.3	6.3
强度和密封性		√	√	5.4	6.4
准确度	热量表计量准确度	√	√	5.5.1	6.5.1
	计算器准确度	√	√	5.5.2	6.5.2
	配对温度传感器准确度	√	√	5.5.3	6.5.3
	流量传感器准确度	√	√	5.5.4	6.5.4
允许压力损失		×	√	5.6	6.6
内置电池使用寿命		×	√	5.7.1	6.7.1
重复性		×	√	5.8	6.8
耐久性		×	√	5.9	6.9

安全性能	断电保护	×	√	5.10.1	6.10.1
	电池电压欠压提示	√	√	5.10.2	6.10.2
	抗磁场干扰	×	√	5.10.3	6.10.3
	电气绝缘	√	√	5.10.4	6.10.4
	外壳防护等级	×	√	5.10.5	6.10.5
	封印	√	√	5.10.6	6.10.6
光学接口		√	√	5.11	6.11
数据通讯		√	√	5.12	6.12
运输		×	√	5.13	6.13
电气环境		×	√	5.14	6.14
注：打“√”的表示要求检测的项目，打“×”的表示不要求检测的项目。					

（三）型式检验应在出厂检验的合格品中进行抽样，每批次抽检 3 块表。

（四）每块表所有检验项目合格为合格，3块表均合格则该批产品为合格。

（五）当检验结果有不合格项目时，应在同批产品中加倍重新抽样复检其不合格项目，当复验项目合格时，则该批产品合格。如仍不合格，则该批产品不合格。

6.5 电磁流量传感器流量干标法的探讨

6. 5. 1干标法概论

电磁流量计作为一种高性能液体流量计量仪表，具有测量精度高、量程宽、无压损和适合于大口径计量等独特优势，其测量不受流体的密度、粘度、温度、压力以及一定范围内的电导率变化的影响，测量介质可以是粘性介质、浆液、悬浮液甚至多相流。经过近一个世纪的发展，目前电磁流量计产品的计量精度已达到 ± 0.5%甚至更高，口径范围可由 3mm到 4000 mm，其中直径 1 m以上的大口径电磁流量计产品通常是高性能大口径液体流量计产品的首选。在水利工程、市政建设和环境保护等领域中，这样的大口径电磁流量计具有非常广泛的应用。

目前，电磁流量计普遍采用实流标定，标定精度一般为 ± 0.2%。该标定方法的最大优点为可通过调整仪表内部设定系数来修正由于制造一致性差而引入的误差，从而降低对产品制造一致性的要求，因此被绝大多数电磁流量计厂家采用。但实流标定存在两个缺陷：

一、大口径流量计实流标定装置制造价格昂贵，标定成本极高。如：实流标定DN1000口径的仪表，需要 250 kW的水泵连续提供约 1.5 t/s的流量，标定时间约 2 ~ 4 h，实流标定装置造价约需人民币接近千万，即使是DN500中等口径以下的实流标定装置造价也需人民币百万以上。

二、实流标定装置所产生的流场通常为理想流场，而多数仪表工作现场的工况比较复杂，流量计上、下游直管段长度往往难以达到理想流场的要求，从而使流量计的实际使用误差远远大于实流标定装置上所检测的误差。正因如此，许多科学家热衷于研究权重磁场分布的电磁流量计，以期实现流场的流速分布对测量精度的影响为零。此外，现有实流标定装置的测量介质大多为水，因此很难利用现有的实流标定装置对多相流、浆液、粘性介质等非常规介质进行标定，在这类实流标定装置上进行模拟各种现场工况的流体运动学和动力学特性研究也十分困难。

基于以上原因，流量计干标定技术作为一种无需实际流体便可实现流量计标定的技术，一直被业界所推崇。超声波流量计、差压式流量计、涡街流量计、电磁流量计因其测量原理可追溯性好，被认为是四种最适合干标定的流量计。但因干标定技术对相应流量计产品的一致性要求较高，只有少数发达工业国家开展了相应研究。目前，日本已成功实现涡街流量计干标定技术的工业化应用，并建立了相应的工业标准《涡流流量计 —流量测定方法》。在电磁流量计领域，英国、俄罗斯两国的产品一致性较好，因此其干标定方法研究也较为领先，其中俄罗斯已成功实现电磁流量计干标定技术的工业化应用。我国在涡街流量计干标定技术上做过探索，重庆工业自动化仪表研究所于 1990年发布了《涡街流量计干标定研究工作报告》，是我国在此领域取得的宝贵成果。改革开放以来，我国的电磁流量计产业得到了很好的发展，电磁流量计厂家已从 20世纪 80年代的 4家发展到目前的 30多家，电磁流量计技术水平也已接近发达国家，制造水平的提高使不少厂家的产品一致性得到了本质性的改善。因此，开展电磁流量计干标定技术推广与应用的时机已经成熟。国内某企业研发的专利产品DRAK8000型电磁式热量表，对传统的电磁流量传感器的结构进行了创新性的改革并突破了电磁流量传感器的传统加工技术和加工工艺，目前对于DN50以下的电磁式热能表，整个流量传感器除标准件外已经基本上全部由模具化部件构成，达到了可以流水线组装生产的程度，产品的生产制造一致性达到了相当高的程度，从而为采用流量检测的干标定技术创造了最基本的条件。

6. 5. 2电磁流量计干标定原理及关键技术

一、电磁流量计测量原理

电磁流量计测量原理如图6- 4所示，管道内流动的导电液体切割磁力线，将在两端电极间产生感应电势差 ΔU，ΔU与磁通量密度 B、液体流速 v符合弗来明右手定则。只要管道内部流场理想、磁场稳定， ΔU的大小与管道内介质平均流速成严格的线性关系，从而通过测量 ΔU的大小可确定管道内介质流量。

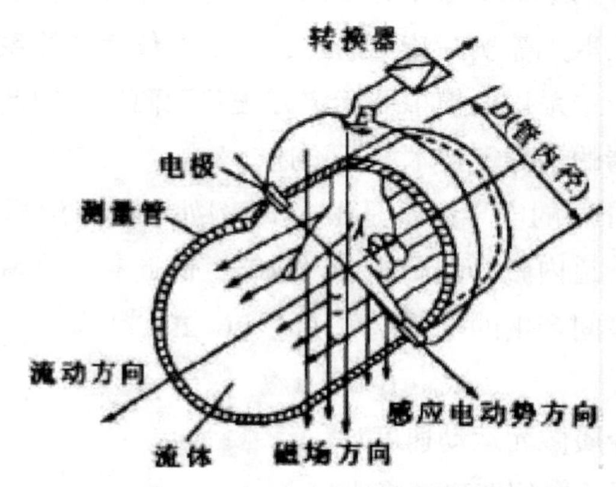

图6- 4 电磁流量计测量原理

电磁流量计由一次传感器及二次仪表组成，二次仪表为一次传感器提供励磁电流，以通过一次传感器内的励磁线圈建立测量所需的磁场。一次传感器将介质实际流量转换为电极间电势差，由二次仪表将电极间电势差转换为显示流量。

二、实流标定技术表装成整机后在实流标定装置上进行标定，获取整机转换系数，修正仪表设定系数，完成标定；分离标定即将一电磁流量计的实流标定通常分为整机标定与分离标定两种。整机标定即将一次传感器与二次仪次传感器与二次仪表分开标定，相应获取一次传感器的转换系数 Kp1与二次仪表的转换系数 Kp2，两者相乘得到整机转换系数，修正仪表设定系数，完成标定。Kp1与 Kp2的含义如式（6-27）、（6-28）所示

$Kp1\ Q_f = \Delta U$　　　　式（6–27）

$Kp2\ \Delta U = Q_d$　　　　式（6–28）

式中 Kp1 ——一次传感器转换系数；

Kp2 ——二次仪表转换系数；

ΔU ——电极间电势差；

Qf ——介质实际流量；

Qd ——仪表显示流量。

相对于整机标定，分离标定可实现电磁流量计的互换，因此被许多厂家所采用，但对产品的一致性要求也相对提高。

三、干标定原理及关键技术

智能电磁流量计的干标定采用分离标定，与实流分离标定不同的是：其一次传感器转换系数的获取无需实际流量通过，而二次仪表转换系数的获取与目前许多国内厂家分离标定中采用的模拟器标定方法并无两样。因此，以下主要针对电磁流量计一次传感器的干标定技术展开论述。

通常由于被测介质的电导率不是很高（例如水和电解质），介质流动产生的二次磁场对测量管道内磁场的影响可以忽略，因此有效区域内任意一个介质微元切割磁力线在电极间产生的电势差可用式（6–29）表示

Us vBW. =X.　　　　式（6–29）

式中：v ——介质微元运动速度；

B ——介质微元所在位置磁通量密度；

W ——介质微元所在位置体权重函数。

物理含义为：该介质微元切割磁力线所产生的感应电动势对两电极间的电位差所起的作用大小，其数值由几何位置、管道结构、电极距离与尺寸决定。

ΔUs ——单个介质微元切割磁力线所产生的电极间电势差对ΔUs在电磁流量计整个有效测量区域 τ 内积分，便可获得电极间电势差ΔU，如式（6–30）

ΔU= vBW.d τ　　　　式（6–30）

∫ τ ×

由式（6–30）可知，若能获知电磁流量计有效区域 τ 内各点磁通量密度 B 与体权重函数 W，无需实际介质便可求得各种流速分布下电极间电势差的大小，

从而实现电磁流量计一次传感器的干标定。通常，体权重函数W表达式可利用Green函数G求解电磁流量计基本微分方程获得，其数值只与几何位置、管道结构、电极距离与尺寸相关，只需测量管道结构、电极距离与尺寸便可获得整个有效区域内各点体权重函数的数值大小，但要准确获取有效区域内各点磁通量密度B显然不那么容易，利用探针逐点测量有效区域 τ 内三维磁场等方式已被证明无法满足干标定的高精度要求。因此，如何准确地获取有效区域内各点磁场信息便成为了困扰电磁流量计干标定技术应用的关键技术。

6.5.3干标定的有效途径及实现方法

为了准确地获取有效区域内各点磁场信息，逐点测量的方式显然行不通。目前解决此关键技术的有效方法为：利用电磁流量计磁场的交变特性，通过测量电磁感应所产生的其他物理量间接获取电磁流量计有效区域内的磁场信息。这样，无需直接测取电磁流量计内部磁场，甚至无需求解体权重函数 W便可实现电磁流量计的干标定。英国 HEMP提出的涡电场测量法与俄罗斯 VELT提出的面权重函数法正是基于这种思想：前者通过检测由磁场交变产生的涡电场强度获取磁场信息，实现电磁流量计一次传感器转换系数的测量，无需测量有效区域内各点磁通量密度 B与体权重函数 W；后者利用按面权重函数等值线绕制的感应线圈与电磁流量计励磁线圈的互感效应获取磁场信息，实现电磁流量计一次传感器转换系数的测量，无需测量有效区域内各点磁通量密度B。

6.6 电磁式热量表的在线校准

一、前言

作为最新发展起来的电磁式热量表，同已经大量进入供热计量市场的机械式热量表和超声波热量表相比较，电磁式热量表除了在性能上特别是工作的长期耐久性、可靠性、计量精确度方面，具有无可比拟的突出优点以外，它检测载热流体流量的电磁流量传感器，还从基本工作原理上具备了独特的采用“电参数法”即可以比较方便简单地实现在线校准的功能。

根据电磁流量传感器的基本工作原理可知，对于流量的测量误差，除了传感器测量管的几何尺寸内径D、磁感应强度B和感应电动势E以外，与其他物理量的变化无关。这是电磁流量计最大的优点，正是这一优点使电磁流量传感器的在线校准成为了可能。近期，中华人民共和国住房和城乡建设部批准了标准号为CJ/T364-2011的《管道式电磁流量计在线校准要求》作为城镇建设行业产品标准，并自2011年10月1日起实施，进一步为采用电磁流量传感器检测载热流体流量的电磁式热量表实施在线校准创立了法律依据，从而大大简化了热量表的首次检定、后续检定、使用中的依法定期校准程序，也就可以节省大量的人力、物力、财力，同时也大大下降热量表的综合成本。

现依据中华人民共和国住房和城乡建设部批准的标准号为CJ/T364-2011的《管道式电磁流量计在线校准要求》和标准号为CJ 128-2007的《热量表》城镇建设行业产品标准，就电磁式热能表的电磁流量传感器、温度传感器和热能运算转换器三个基本组成部分的在线校准分别进行探讨。

二、实现在线校准的重大现实意义

（一）根据国家流量计量仪表相关规程的规定，对精确度低于0.5级的电磁流量计，校准周期一般规定为两年。显然，这对于在线运行中的电磁流量计为此而进行实验室校准是存在一定难度的，但如不按规程规定的校准周期进行校准，对于计量仪表尤其是作为贸易结算的计量仪表，就会违背法定计量管理的要求，甚至引发社会纠纷。因此，实现在线校准，就为实施法定计量管理提供了一条可行而便捷的途径和方法。

（二）近期的相关法规已明确规定，供热计量收费必须严格落实供热企业主体责任。实施供热计量收费必须完完全全地赋予供热企业供热计量和温控装置选购权、安装权，并负责供热计量装置的日常维护和更换。

而据了解，影响供热企业选用供热计量收费的最关键问题是需要二年定期检定校准，这是强制性的。目前大多数地区已经把热量表的产权划给了供热企业，供热企业难以承受这笔检定费用，更负担不起户用热量表定期拆装的工程量。这样，实现在线校准，对于实施供热计量收费，推动供热体制改革的不断发展，其深远的重大现实意义也就不言而喻了。

（三）由于此类流量计的在线现场环境工作条件与实验室校准装置的工作条件存在一定的差异，这样，在线校准就更能检测出仪表的实际工作性能和精确程度，从而更具实际意义。

（四）众所周知，具有法定计量流量检定资质的校准装置实验室，流量检定费用比较昂贵。对于量大面广的民用热量表，每二年的校准周期，是一笔十分巨大的费用。因此，实现在线校准，相对于实验室校准就可以大幅度地减少这笔费用。另一方面，也可以大幅度地减少法定计量流量检定机构对实验室校准装置的投入和管理，从而节省大量的社会资源。

（五）实现在线校准，可以大大减少实施周期校准的工作量、省却仪表送校拆装等等大量的人力、物力和费用，从而节省大量的社会资源。

三、电磁式热能表的在线校准

（一）电磁流量传感器的在线校准

1.电磁流量计在线校准的理论和法律依据

电磁流量计是利用法拉第电磁感应定律制成的一种测量导电液体体积流量的仪表。整套仪表由传感器和转换器两部分组成，其测量原理如图6–5所示。

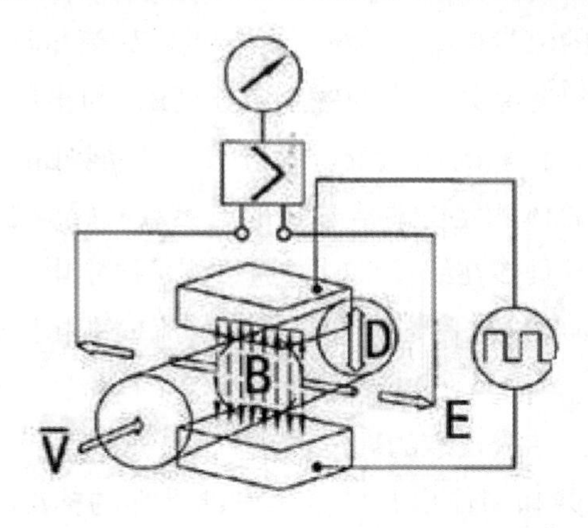

图6–5　工作原理图

当导电性液体在垂直于磁场的非磁性测量管内流动时，根据法拉第电磁感应定律的原理，在流动方向垂直的方向上就会产生与流速成线性比例的感应电动势，其值如式（6–31）所示：

E=kBDV　　式（6–31）

式中：E——感应电动势，亦即流量感应信号；

K——系数；

B——磁感应强度；

D——测量电极之间的距离（测量管内径）；

V——平均流速

测量管内，穿过横断面的液体的体 $q_v=\frac{1}{4}\pi D^2\overline{V}$ 流量是：

式（6–32）

式中：V——平均流速；

D——测量管内径。

把式（6–31）、（6–32）$q_v=\frac{\pi D^2}{4kL_e}(\frac{E}{B})=\frac{K}{B}E$ 并得：

式（6–33）

式中：K——流量校准系数，通常由生产厂方实验室的流量标准装置实流校准得到。

从式（6–33）可知，体积流量qv与感应电动势E成线性关系，所以只须测定磁感应强度B，便可获得体积流量qv与感应电动势E的线性关系。对于一台已经通过生产厂方实验室的流量标准装置实流校准的电磁流量计，经过若干时间运行后，如这台仪表表内励磁系统产生的磁感应强度B，与出厂实流校准相比较保持不变，就可以认定该台仪表的体积流量qv与感应电动势E的线性关系仍然保持不变。因此，通过在线总体测定电磁流量计的电参数磁感应强度B，就可以实现电磁流量计的在线校准。具体在线校准时，通过测量决定电磁流量计励磁系统产生的磁感应强度B的基本特性电参数，并与出厂实流校准相比较就可以完成电磁流量计的在线精度测量。

这就是电磁流量计在线校准的理论依据。

而上述中华人民共和国住房和城乡建设部批准的标准号为CJ/T364–2011的《管道式电磁流量计在线校准要求》和标准号为CJ 128–2007的《热量表》城镇建设行业产品标准，就是电磁流量计在线校准的法律依据。

2.电磁流量传感器的在线校准方法

结合CJ/T364–2011《管道式电磁流量计在线校准要求》城镇建设行业产品标

准的校准要求，对电磁流量传感器采用“电参数法”进行在线校准，拟按下述要求进行：

（1）在线校准时参数校准的的性能要求：

① 励磁线圈电阻值与出厂或首次校准时一致，其偏差率不得超过±1.0%。

②励磁线圈对地绝缘电阻不应小于20MΩ或符合生产厂家特定的要求。

③传感器两测量电极接液（接地）电阻值应基本一致，两者的偏差率小于20%，且测量伴有充放电现象。

（2）在线校准时参数校准的的操作方法：

①励磁线圈电阻参数

以数字万用表为测量工具，两个表笔分别接励磁线圈的两个端子，测量励磁线圈的电阻值，测量结果与首次检测时的电阻值或生产厂家提供该型号规格的励磁线圈的电阻值进行比对。测量结果应满足上述相应性能要求。

②励磁线圈对地绝缘电阻参数

以500V兆欧表为测量工具时，在励磁线圈的一个端子与地线之间施加直流电压，稳定后读数。

以绝缘电阻测试仪为测量工具时，将黑色表笔接电磁流量传感器接地端子，红色表笔接励磁线圈的一个端子，档位开关转到500V档，稳定10S后读数。测量结果应满足上述相应性能要求。

③电极接液（接地）电阻偏差率

电极接液电阻指电极与液体的接触电阻，它反映了电极和衬里附着的大体状况。可用指针式万用表在管道充满液体时分别测量每个电极端子与仪表地线之间的电阻。每次测量需用同一型号规格的万用表，并用同一量程。测量时万用表同一根表棒接电极端子，另一根表棒始终接仪表地线，待指针偏转最大时读取数据。测量结果应满足上述相应性能要求。

（二）电磁式热能表热能运算转换器的在线校准

依据标准号为CJ128-2007的《热量表》和结合标准号为CJ/T364-2011的《管道式电磁流量计在线校准要求）城镇建设行业产品标准以及电磁式热能表热能运算转换器的基本功能，对电磁式热能表热能运算转换器的在线校准，拟分两部分按下述要求进行：

1.电磁式热能表热能运算转换器的电磁流量信号转换在线校准

（1）在线校准时参数校准的的性能要求：

参照CJ/T364–2011《管道式电磁流量计在线校准要求》城镇建设行业产品标准的校准要求，对电磁流量转换器采用“电参数法”进行在线校准。

①电源端子与外壳之间的绝缘电阻不应小于20MΩ。

②转换器对流量特征系数的修改应有保护功能，能避免意外更改或能记录历史修改过程。校准时应记录该特征系数数值并且在校准记录中注明，周期校准的特征系数数值应与上次校准时的特征系数数值相同，并没有进行过修改。

（2）在线校准时参数校准的操作方法：

①电源端子与外壳之间的绝缘电阻

关闭运算转换器电源，用500V兆欧表作为测量工具，将红色表笔和黑色表笔分别连接运算转换器的电源端子和运算转换器的外壳，稳定后读数。测量结果应满足上述相应性能要求。

②瞬时流量的示值误差和示值重复性误差

A.关闭运算转换器电源，断开电磁流量传感器与运算转换器之间的电缆连接，按照生产厂方提供的电路图进行运算转换器和电磁流量模拟信号发生器之间的电气连接，接好线并检查后通电，预热15min以上，将运算转换器参数按电磁流量模拟信号发生器的参数要求进行设置，在设置前分别记录需要修改的各项参数，以便校准结束后对参数进行恢复。

B.在满量程范围内选定至少3个流速/流量点（含常用流速/流量点），将电磁流量模拟信号发生器的流速/流量调节开关分别置于选定的测量档次，调节流速/流量，读取运算转换器显示的瞬时流量值，每档次测量重复三次并记录备案。

C.按瞬时流量示值误差和瞬时流量示值重复性误差计算公式求得的瞬时流量的示值误差和示值重复性误差，应满足上述相应性能要求。

③运算转换器的零点校准

关闭运算转换器电源，断开电磁流量传感器与运算转换器之间的电缆连接，按照生产厂方提供的电路图进行运算转换器和电磁流量模拟信号发生器之间的电气连接，接好线并检查后通电，预热15min以上，将电磁流量模拟信号发生器的流速/流量调节开关设置于“0” 档次，采用零点自动校正设置功能，将运算转换器的瞬时流量显示值调节为0.000 m^3/h。

2.电磁式热能表热能运算转换器的运算功能在线校准

参照标准号为CJ128–2007的《热量表》城镇建设行业产品标准附录E（规范性附录）“计算器准确度的测试与计算” 的规范，对电磁式热能表热能运算转换器的运算功能进行在线校准。

3.电磁式热能表温度传感器的在线校准

参照标准号为CJ128–2007的《热量表》城镇建设行业产品标准附录F（规范性附录）“温度传感器准确度的测试与计算” 的规范，对电磁式热能表热能运算转换器的温度传感器进行在线校准。

第七章　电磁式热量表的现场使用安装调试

7.1 供热系统变流量水力系统全面平衡

7.1.1流量水力系统全面平衡的重要性

水力平衡是针对系统水力失调问题而产生的一种调节方法，目的是消除水力失调，达到节能降耗。水力失调分为静态失调和动态失调。

静态失调是指在系统循环水量不变的情况下，距循环水泵较近的环路阻力过小，环路的实际流量超过设计流量，将会产生室温过高的现象，造成能源的浪费；由于总流量不变，其他离水泵较远部分则达不到设定流量，室内温度达不到设计的温度。

动态失调是指当某些环路的流量发生变化时，会引起系统的压力分布发生变化，从而干扰到其他环路，引起其他环路的流量变化；用户实行热计量或办公系统分时分温调节的系统中可能出现动态失调。

水力平衡就是要通过设计或现场调节等方法实现远近用户都能达到设计的流量，使室内温度达到设计的温度，不至于出现温度过高或过低的现象。

水力平衡的重要性从水力不平衡带来的危害得到体现，为了解决不平衡问题，往往通过提高循环水泵的流量，通过提高能耗来满足最不利环路的需要，末端加增压泵等措施，这样便掩盖了水力不平衡的存在。使供水系统陷入“大流量，小温差”境地，耗电量增加，供回水温差减小，降低了冷热源的使用效率，末端仍有达不到设计温度的情况，没有从根本上解决问题。

7.1.2静态、动态水力平衡的实现方案和环路原理图

一、水力平衡的概念及分类

（一）静态水力失调和静态水力平衡

由于设计、施工、设备材料等原因导致的系统管道特性阻力数比值与设计要求管道特性阻力数比值不一致，从而使系统各用户的实际流量与设计要求流量不

一致，引起的水力失调，叫做静态水力失调。

静态水力失调是稳态的、根本性的，是系统本身所固有的。

通过在管道系统中增设静态水力平衡设备，在水系统初调试时对系统管道特性阻力数比值进行调节，使其与设计要求管道特性阻力数比值一致，此时当系统总流量达到设计总流量时，各末端设备流量同时达到设计流量，实现静态水力平衡。

（二）动态水力失调和动态水力平衡

系统实际运行过程中当某些末端阀门开度改变引起水流量变化时，系统的压力产生波动，其他末端的流量也随之发生改变，偏离末端要求流量，引起的水力失调，叫做动态水力失调。

动态水力失调是动态的、变化的，它不是系统本身所固有的，是在系统运行过程中产生的。

通过在管道系统中增设动态水力平衡设备，当其他用户阀门开度改变引起水流量变化时，通过动态水力平衡设备的屏蔽作用，自身的流量并不随之变化，末端设备流量不互相干扰，实现动态水力平衡。

（三）全面水力平衡

全面水力平衡就是消除了静态和动态水力失调，使系统同时达到静态和动态水力平衡。

二、定流量系统的静态水力平衡

定流量系统是指系统不含任何调节阀门，系统在初调试完成后阀门开度无须做任何改变，系统各处流量始终保持恒定。定流量系统主要适用于末端设备无须通过流量来进行调节的系统，如采用变风量来调节的风机盘管和空调箱等。

定流量系统只存在静态水力失调，基本不存在动态水力失调，因此只需在相关部位安装静态水力平衡设备即可。通常在系统机房集水器以及一些主要分支回水管上安装静态水力平衡阀。

三、变流量系统的全面水力平衡

随着人们对空调品质要求、节能意识的不断提高以及空调系统的大型化，变流量水力系统在暖通供水工程中占据越来越重要的位置。

变流量系统是指系统在运行过程中各分支环路的流量随外界负荷的变化而变

化。由于暖通供水工程在一年的大部分时间均处于部分负荷运行工况，变流量系统大部分时间管道流量都低于设计流量，因此这种系统是高效节能的。

变流量系统一般既存在静态水力失调，也存在动态水力失调，因此必须采取相应的水力平衡措施来实现系统的全面平衡。

（一）静态水力平衡的实现

通过在相应的部位安装静态水力平衡设备，使系统达到静态水力平衡。

实现静态水力平衡的判断依据是：当系统所有的自力式阀门均设定到设计参数位置，所有末端设备的温控阀（电、气动阀）均处于全开位置时，系统所有末端设备的流量均达到设计流量。

从上可以看出，实现静态水力平衡的目的是使系统能均衡地输送足够的水量到各个末端设备，并保证末端设备同时达到设计流量。

但是，末端设备在大部分时间是不需要这么大的流量的。因此，系统不但要实现静态水力平衡，还要实现动态水力平衡。

（二）动态水力平衡的实现

通过在相应部位安装动态水力平衡设备，使系统达到动态水力平衡。

实现动态水力平衡的判断依据是：在系统中各个末端设备的流量达到末端设备实际瞬时负荷要求流量的同时，各个末端设备流量的变化只受设备负荷变化的影响，而不受系统压力波动的影响，即系统中各个末端设备流量的变化不互相干扰。

变流量系统的动态水力平衡在保证系统供给和需求水量瞬时一致性（这个功能是由各类调节阀门来实现的）的同时，避免了各末端设备流量变化的相互干扰，从而保证系统能高效稳定地将设备在各个时刻所需的流量准确地输送过去。

目前在变流量系统中常用的兼具动态平衡与调节功能的动态水力平衡设备主要有动态平衡电动二通阀、动态平衡电动调节阀等。

四、水力平衡的实现方案

解决水力失调的方法有安装节流孔板、静态平衡阀、自力式流量平衡阀、自力式压差平衡阀、电动压差调节阀以及几种组合在一起的动态阻力平衡阀等。另外，把系统由异程式改为同程式，水力失调也会得到改善。

为了更好地进行系统调节，在系统的每个热力入口处应配备检测仪表，在供回水管道上各安装温度计和压力表一块，并配备必要的仪器对循环系统的流量进行检测。

节流孔板法主要针对静态平衡问题，在系统中，通过计算要消除的压差，来选择孔径的大小；由于该系统易堵塞，而且使用一定年限后磨损量大，工况变化，已经被淘汰。

随着现代阀门制造技术的提高，静态平衡阀的相对流量与相对开度呈近似线性关系，具有精确的阀门开度指示等特点被逐渐采用，可以根据所供面积的大小进行设置，更为精确方便，但静态平衡阀主要用在恒流量系统，而对于系统一天的某一时间段或随时进行调节变化的流量，恒流量调节阀已经不能满足需要，常用动态平衡阀或电动压差阀满足流量的恒定，保持系统的平衡。

以下分别为某供暖系统设计工况与失调工况的比较：

系统为一定流量系统，共有7栋楼，每栋楼的负荷相同，施工时由于没有安装平衡阀，出现了近端房间普遍达到了20多度，而远端楼房室内温度只有16度左右，现场用超声波流量计测量离循环水泵近的楼房流量超过了一倍，而远处的楼房才达到一半的设计流量。从各个楼的供水回水压力表读数来看，远处的供水回水压差只有0.03kg/cm^2，近处的压差为0.35kg/cm^{2}以上。由于普通阀门的调节性能差，虽然施工单位也想法进行了调节，末端部分住户增加了加压泵，没有从根本上解决问题，老问题解决了，新问题又出现了。取暖季过后，在每栋楼安装了自力式数字平衡阀，根据标示的数字设定流量，经测量后流量偏差在5%左右，用户的室温基本都在1±0.5度。

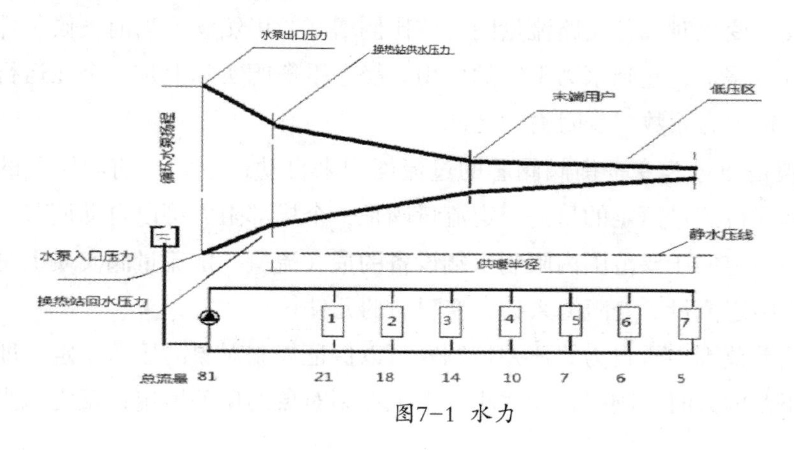

图7-1 水力

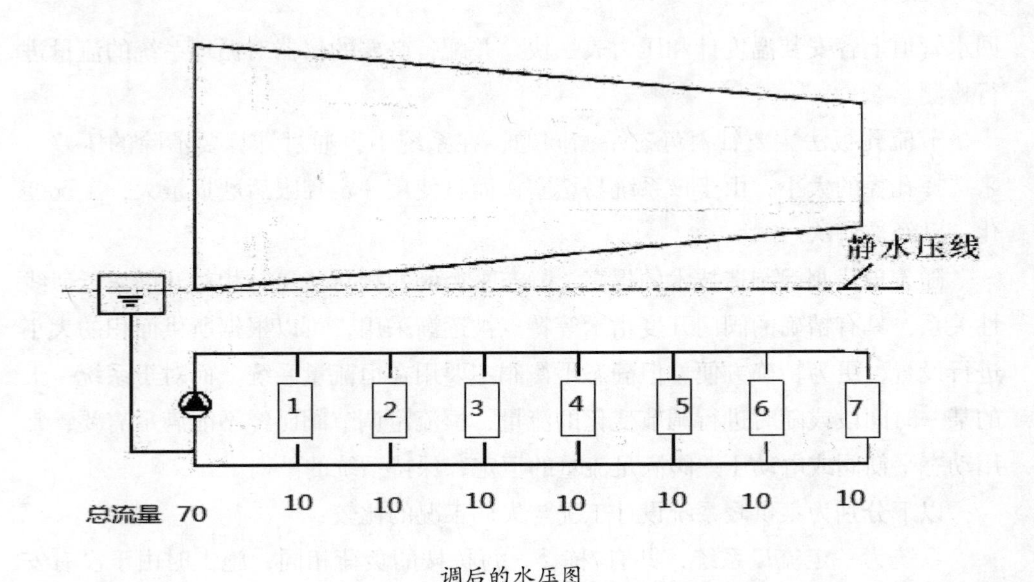

调后的水压图

图7-2 设计工况下异程式系统水压图

7.1.3水力平衡阀、温控阀、截止阀、止回阀、测温球阀

一、水力平衡阀

水力平衡阀是一种特殊功能的阀门，选用平衡阀时，必须看它的阻力系数，阻力大小对系统的节能很重要，旧系统改造时，选型不准还会影响到供暖效果，通过改变阀芯与阀座的间隙（开度），来改变流经阀门的流动阻力以达到调节流量的目的。其作用对象是系统的阻力，能将水量按照设计计算的比例平衡分配。当系统流量发生变化时，各支路流量同时按比例增减，仍然满足当前气候条件下部分负荷的流量需求，起到水力平衡的作用。静态平衡阀实际上是一个在运行过程中变流量、定阻力系数、变阻力的元件。

定流量阀是通过改变平衡阀阀芯的过流面积来自动适应阀门前后压差的变化，从而达到保持流量恒定的目的。定流量阀是一个局部阻力可以自动调节的节流元件，能在一定的压差范围内限制末端设备的最大流量。定流量阀实质上是一个在运行过程中定流量、变阻力系数、变阻力的元件。

在一定压差范围内，自力式压差控制阀可以保证控制对象的压差恒定，即当控制对象的压差增大时，阀门自动关小，保证控制对象的压差恒定；反之，当控制对象的压差减小时，阀门自动开大，控制对象的压差仍保持恒定。自力式压差控制阀实质上是一个在运行过程中变流量、变阻力系数、阻力的元件。

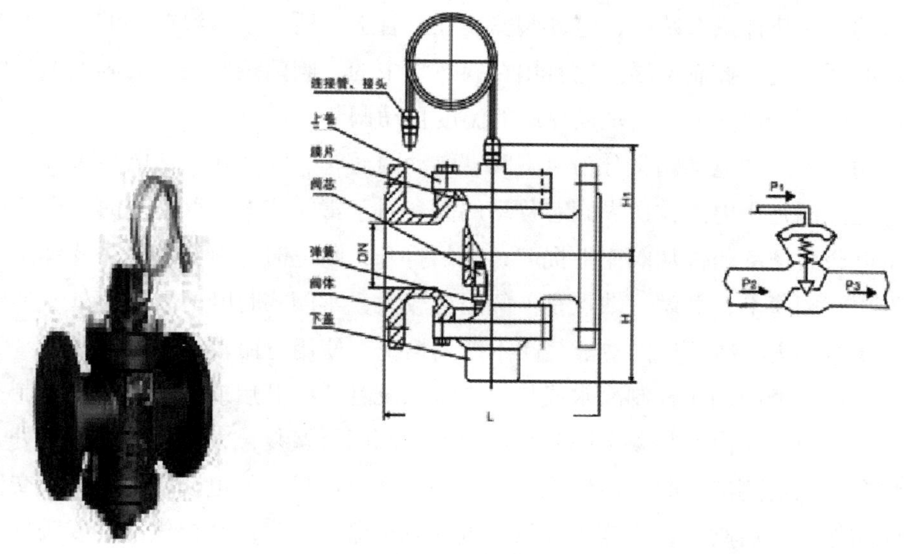

图7-3 水力平衡阀结构图

二、温控阀

温控阀分为一体阀和分体阀。一体阀主要安装在暖气片、地暖、风机盘管上，做单独房间的控制用，也有用在大型的换热站中，如自力式温控阀，一体阀都是利用热胀冷缩原理进行阀门的开关，如图7-4所示。

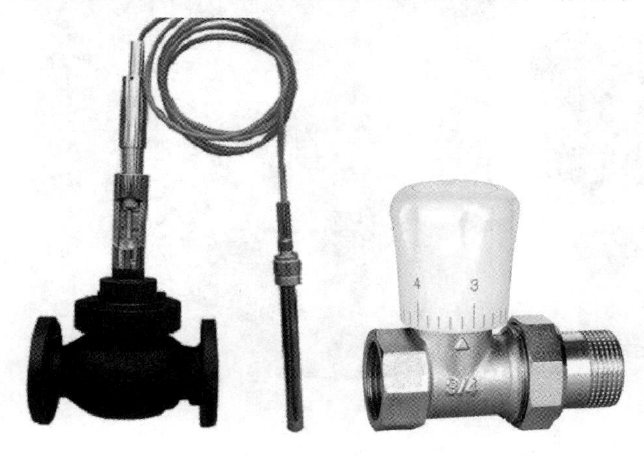

图7-4　温控一体阀结构图

分体阀由两部分构成，一部分为电动阀体，一部分为温控器。多数办公楼的风机盘管采用的分体阀，通过室内的温控器和电动阀共同作用达到室内控制温度的目的。在热计量系统中，电动阀安装在总管上，通过室内温控器的指令调节电动阀的开关度来控制室温。也有用在换热站中的，阀门按照设定的温度通过电动执行机构来实现开关，实现换热站的温度自动调节。

用在末端的电动阀又分为电磁阀、电动两通阀、电动球阀、电热阀等。

电磁阀是用电磁铁操纵阀芯移动的阀，对于常闭式电磁阀通电时，电磁线圈产生电磁力把关闭件从阀座上提起，阀门打开；断电时，电磁力消失，弹簧把关闭件压在阀座上，关闭。缺点是一般阻力较大，常闭式打开时要一直处于通电状态，受电磁力衰减等原因造成关闭不严的情况，使用寿命较短。

电动两通阀用于控制冷水或热水空调系统管道的开启或关闭，达到控制室温之目的。驱动器由单相磁滞同步马达驱动，阀门弹簧复位，阀门不工作时处于常闭状态，当需要工作时，由温控器提供一个开启信号，使电动二通阀接通交流电源而动作。开启阀门，冷冻水或热水进入风机盘管，为房间提供冷气或暖气，当室温达到温控器设定值时，温控器令电动二通阀断电，复位弹簧使阀门关闭，从而截断进入风机盘管的水流，通过阀门关闭和开启，使室温始终保持在温控设定的温度范围内。如图7–5。

（a） 电磁阀　　　　（b）电动两通阀　　　　（ c ）电动球阀

（d）电热阀组

（e）电动阀组

图7–5

（一）散热器温控阀的构造及工作原理

用户室内的温度控制是通过散热器恒温控制阀来实现的。散热器恒温控制阀是由恒温控制器、流量调节阀，其中恒温控制器的核心部分是感温包。感温包根据周围环境温度的变化产生热胀冷缩，带动调节阀阀芯产生位移，进而调节散热器的水量来改变散热器的散热量。恒温阀设定温度可以人为设定，恒温阀会按设定要求自动控制和调节散热器的水量，从而来达到控制室内温度的目的。

（二）散热器的调节特性是由散热器热特性、温控阀流量特性等共同决定的。温控阀在某开度下的流量与全开流量之比G/G_{max}称为相对流量；温控阀在某开度下的行程与全行程之比l称为相对行程。相对行程和相对流量间的关系称为温控阀的流量特性：$G/G_{max}=f(l)$。它们之间的关系表现为线性特性、快开特性、等百分比特性、抛物线特性等几种特性曲线。对散热器而言，从水力稳定性和热力失调角度讲，散热量与流量的关系表现为一簇上抛的曲线，随着流量G的增加，散热量Q逐渐趋于饱和。为使系统具有良好的调节特性，采用等百分比流量特性的调节阀来补偿散热器自身非线性的影响对调节特性的影响。可调比R为温控阀所能控制的最大流量与最小流量之比：$R=G_{max}/G_{min}$，G_{max}为温控阀全开时的流量，也可看作是散热器的设计流量；G_{min}则随温控阀大小而变可调比有关。

以某型号的温控阀和散热器为例，散热器的流通能力为4m³/h，实际可调比为28，对应的流量可调节范围100%–4%。散热器在不同进出口温差下散热量的实际可调节范围见下对应数据。

表7–1 不同进出口温差下散热量的实际可调节范围

出口温度差（℃）	25	20	15	10	5
可调节范围（%）	100 ~ 13.5	100 ~ 16.1	100 ~ 20.2	100 ~ 28	100 ~ 11.6

当散热器进出口温差较小时，散热量的实际可调节范围也见小。但散热器进出口温差小于10℃时，温控阀的最小可调节散热量约为标准散热量的20%，温控阀的有效工作范围减小。此外值得注意的一点是，温控阀的高阻力是由散热器的调节特性决定的，设计时必须考虑温控阀的这一特性，以免出现资用压力不够的情况。

（三）温控阀的安装位置

1.散热器恒温阀一般安装在每台散热器的进水管上或分户采暖系统的总入口

进水管上。内置式传感器不宜垂直安装，因为阀体和表面管道的热辐射可能会导致恒温控制器的错误动作，应确保恒温阀能够感应到室内环境空气的温度，不得被其他物品覆盖或太阳直射。

2.在户内系统上（每户一个独立系统）只装一个温控阀的方案：通常的情况下，应该每一组散热器（即每个房间）上安装一个温控阀，一户只装一个温控阀的方案是为了减少投资。

（1）下面首先分析单管系统的热特性，即流量与室温的变化规律，并指出温控阀的安装方法。

单管户内系统只在末端房间装一个温控阀。利用热网工况模拟分析软件对一个五层楼的上分式单管顺流系统（也适用于户内单管顺流系统）进行计算，其结果见表7–2。表7–2为供水温度恒定的情况，这种情况较符合一个大的供热系统出现流量分配不均的实际工况，因而具有代表性。在设计外温下，凡实际流量小于设计流量的（相对流量小于1），均出现上层热、下层冷的现象；凡实际流量大于设计流量的（相对流量大于1.0）都发生上层冷、下层热的情形。

表7–2为：上分式单管顺流系统供水温度恒定时流量与室温变化

室温（℃）

表7–2 上分式单管顺流系统供水温度恒定时流量与室温变化

相对流量（%）	5层	4层	3层	2层	1层
180	18.5	18.7	18.9	19.3	19.6
100	18.6	18.3	18.2	17.7	17.5
48	17.8	16.8	15.8	14.8	13.5
24	17.3	15.3	12.3	9.9	8.6

注：供水温度80℃

上述室温与流量之间的变化规律，具有普遍性。当室外温度不等于设计外温时。这种变化规律然存在，所不同的只是在设计外温，即气温最冷时，系统垂直失调最严重，也就是最高层与最低层之间的室温偏差最大；随着气温变暖，垂直失调也逐渐趋缓。单管系统发生这种垂直失调现象的原因，主要是流量变化与散热器表面温度的变化不一致所造成的。一般而言，散热器的散热量主要取决于散热器的表面平均温度。在设计状态下，散热器传热面积的选取，都是根据设计工况下，各层散热器的设计表面平均温度计算的。但在实际运行中，由于流量分配不均，各层散热器的表面平均温度的变化比率将与设计工况发生差异。当立管实际的流量小于设计流量（即相对流量小于1.0）时，立管的供、回水温差即大于设计时的温差，此时上层散热器的表面平均温度比下层的散热器表面平均温度更有利于散热，因而出现上热下冷现象；相对流量大于1.0时，情况正相反。

单管系统垂直失调的特点是流量愈大，末端房间室温愈高；流量愈小，末端房间室温愈低，根据这种热特性，对于单管系统，每户一个温控阀，应该按如下原则安装：

①对于单管顺流的户内系统，一个温控阀应该装在该户内系统最末端房间的散热器上；

②对于带跨越管的单管户内系统，一个温控阀应装在户内系统的入口供水管或回水管上，该温控阀的远程温度传感器需放在户内系统最末端房间里；

③对于旧建筑的上分式单管顺流系统，每根立管的一个温控阀，应装在最底层房间的散热器上，此时，供热量应采用热量分配器计量。应该指出：这种温控阀的使用方法，其优点是既提高了供暖系统的调节性能，又能减少工程的初投资；其缺点是每户各房间的室温为同一标准，不能随心所欲地进行调节。

（2）双管户内系统。双管系统的垂直失调，是由于自然循环作用压头的变化引起系统流量变化而产生的。这种系统，最理想的方案是在每个散热器上都装温控阀。一些房地产开发商不愿意增加投资，取消了所有的温控阀，尽管在户内系统中，不会出现严重失调现象，但必然导致楼内各层之间的垂直失调。在工程实践中，也证明了这一点。为降低造价，又不影响供暖系统的调节功能，在双管户内系统中，在户内入口处装置一个温控阀，其远程温度传感器可放置任何房间。这一方案，虽然每房间的室温调节缺乏灵活性，但却改善了楼内各层之间的冷热不均，比较符合目前国内的经济状况。

（四）散热器恒温阀在采暖系统中的节能作用

散热器恒温阀正确安装在采暖系统中，用户可根据对室温高低的要求，调节并设定温度。这样就确保了整个房间的室温恒定，避免了立管水量不平衡以及单管系统上下层室温不均匀的问题。同时，通过恒温控制、自由热、经济运行等作用可以既提高室内热环境舒适度，又实现节能。

恒温控制——随气候的变化动态地调节出力，控制室温恒定，即可节能。同时，消除温度的水平和垂直失调，也能使有利环路减少能量浪费，同时使不利环路达到流量和温度的要求。阳光入射、人体活动、炊事、电器等热量由于不确定性而没有在设计运行中予以充分考虑，仅作为安全系数考虑。实现室温控制后，这部分能量可以取代部分散热量，同时，不同朝向的房间温差也可以消除，既提高了室内热环境的舒适度，又节省了能量。

经济运行——办公建筑、公共建筑在夜间、休息日无需满负荷供热。住宅用户也可以尽量做到无人断热，以节省能量和热费。甚至在不同的房间可以实行不同的温度控制模式：当人员集中在客厅时，卧室温度可以降低设定，客厅温度可以提高设定；在睡眠休息的时间里，卧室温度可以提高设定，客厅温度可以降低设定等等。这些措施都可以通过散热器恒温阀来实现，以达到节能目的。

三、截止阀

截止阀的闭合原理是依靠阀杠压力，使阀瓣密封面与阀座密封面紧密贴合，阻止介质流通。截止阀只许介质单向流动，安装时有方向性。它的结构长度大于闸阀，同时流体阻力大，长期运行时，密封可靠性不强。截止阀分为三类：直通式、直角式及直流式斜截止阀。

截止阀的启闭件是塞形的阀瓣，密封面呈平面或锥面，阀瓣沿流体的中心线作直线运动。阀杆的运动形式，有升降杆式（阀杆升降，手轮不升降），也有升降旋转杆式（手轮与阀杆一起旋转升降，螺母设在阀体上）。截止阀只适用于全开和全关，不允许作调节和节流。

截止阀属于强制密封式阀门，所以在阀门关闭时，必须向阀瓣施加压力，以强制密封面不泄漏。当介质由阀瓣下方进入阀腔时，操作力所需要克服的阻力，是阀杆和填料的磨擦力与由介质的压力所产生的推力，关阀门的力比开阀门的力大，所以阀杆的直径要大，否则会发生阀杆顶弯的故障。近年来，从自密封的阀门出现后，截止阀的介质流向就改由阀瓣上方进入阀腔，这时在介质压力作用下，关阀门的力小，而开阀门的力大，阀杆的直径可以相应地减少。同时，在介质作用下，这种形式的阀门也较严密。

截止阀开启时，阀瓣的开启高度，为公称直径的25%～30%时，流量已达到最大，表示阀门已达全开位置。所以截止阀的全开位置，应由阀瓣的行程来决定。

截止阀具有以下优点：结构简单，制造和维修比较方便。工作行程小，启闭时间短。密封性好，密封面间磨擦力小，寿命较长。

截止阀的缺点如下：流体阻力大，开启和关闭时所需力较大。不适用于带颗粒、粘度较大、易结焦的介质，调节性能较差。按介质的流向分，有直通式、直流式和角式。

截止阀的安装与维护应注意以下事项：手轮、手柄操作的截止阀可安装在管道的任何位置上，手轮、手柄等不允许作起吊用。介质的流向应与阀体所示箭头方向一致。截止阀是指关闭件（阀瓣）沿阀座中心线移动的阀门，是使用较广泛的一种阀门。这种类型的阀门比较适合作为切断或节流用，同时流体阻力大，长期运行时，密封可靠性不强。

根据截止阀的通道方向分类：

（一）直通式截止阀，是工业中使用最广泛的一种阀门，但阻力最大。柱塞式截止阀是直通式截止阀的变型。该阀门主要用于“开”或者“关”，但是备有特制形式的柱塞或特殊的套环，也可以用于调节流量。

（二）直流式截止阀：在直流式或Y形截止阀中，阀体的流道与主流道成一斜线，这样流动状态的破坏程度比常规截止阀要小，因而通过阀门的压力损失也相应地小了。多用于含固体颗粒或粘度大的流体。

（三）角式截止阀：在角式截止阀中，流体只需改变一次方向，以致于通过此阀门的压力降比常规结构的截止阀小。多采用锻造，适用于小通径、较高压力的截止阀。

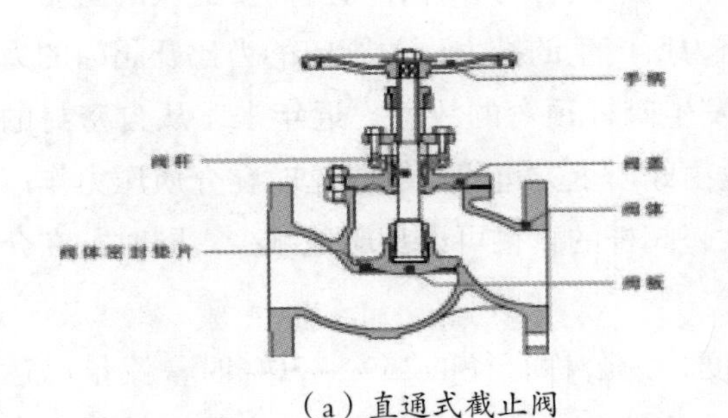

（a）直通式截止阀

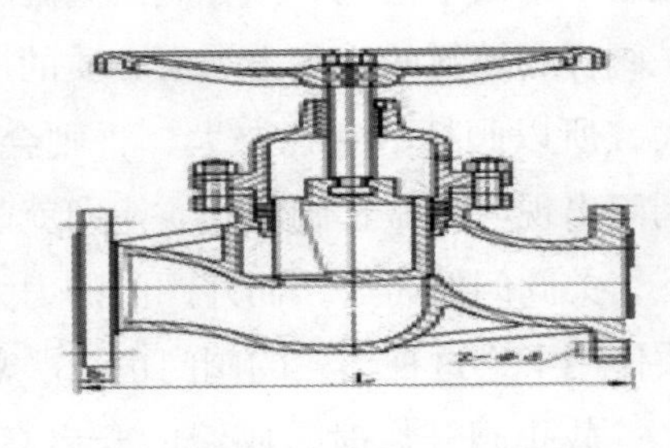

（b）柱塞式截止阀

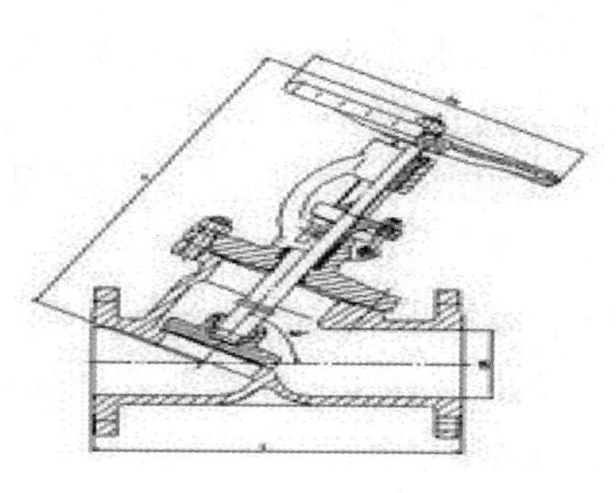

（c）直流式截止阀

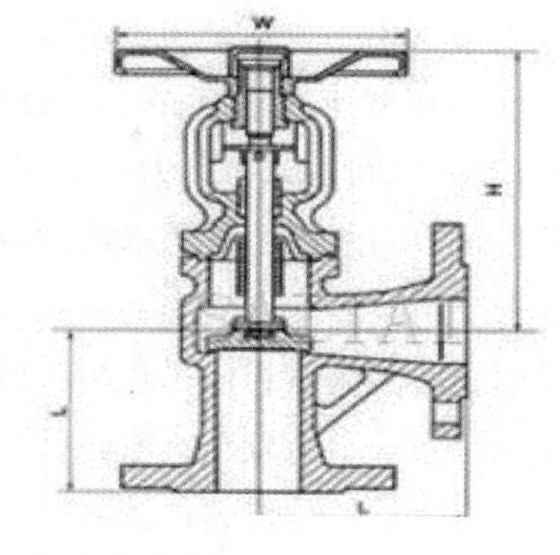

（d）角式截止阀

图7-6 截止阀的结构图

四、止回阀

止回阀种类较多，按照构造可以分为旋启式、升降式、球形等。止回阀的目的是防止介质的逆流产生水锤破坏水泵，多数水泵的出口都要安装止回阀。对于冷暖空调系统，由于进出水的静压相同，水锤的危害相对较小，也可以不装止回阀，切换水泵后要关闭进出水阀门，对于一拖二的变频等自动化控制系统需要增加电动阀门来实现，投资相对较大，但节能明显。

一般在公称通径50mm以下的水平管路上都选用立式升降止回阀。直通式升降止回阀在水平管路和垂直管路上都可安装。底阀一般只安装在泵进口的垂直管路上，并且介质自下而上流动。

旋启式止回阀可以做成很高的工作压力，而且直径也可做到很大。根据壳体及密封件的材质不同，可以适用任何工作介质和任何工作温度范围。

旋启式止回阀的安装位置不受限制，通常安装于水平管路上，但也可以安装于垂直管路或倾斜管路上。

蝶式止回阀的适用场合是低压大口径，而且安装场合受到限制。工作压力不能超过6.4Mpa，但直径可以做到很大。蝶式止回阀可以做成对夹式，一般都安装在管路的两法兰之间，采用对夹连接的形式。

蝶式止回阀的安装位置不受限制，可以安装在水平管路上，也可以安装在垂直管路或倾斜管路上，由于采用弹簧复位，所以阻力较大。

隔膜式止回阀适用于易产生水击的管路上，隔膜可以很好地消除介质逆流产生的水击。由于隔膜式止回阀的工作温度和实用压力受到隔膜材料的限制，一般多使用在低压常温管路上，特别适用于自来水管路上。一般介质工作温度在-20~120℃之间，工作压力<1.6Mpa，但隔膜式止回阀可以做到较大的口径。

隔膜式止回阀由于其防水击性能优异，结构比较简单，制造成本又较低，所以近年来应用较多。

球形止回阀的密封件是包裹橡胶的球体，因此密封性能好、运行可靠，抗水击性能好，而且阻力较小；密封件既可以是单球，又可以做成多球，多球适合大口径。因为密封件是包裹橡胶的空心球体，只适用于中低压的管路上。

由于球形止回阀的壳体材料可以用不锈钢制作，密封件的空心球体可以包裹聚四氟乙稀塑料，所以在一般腐蚀性介质的管路上也可应用。

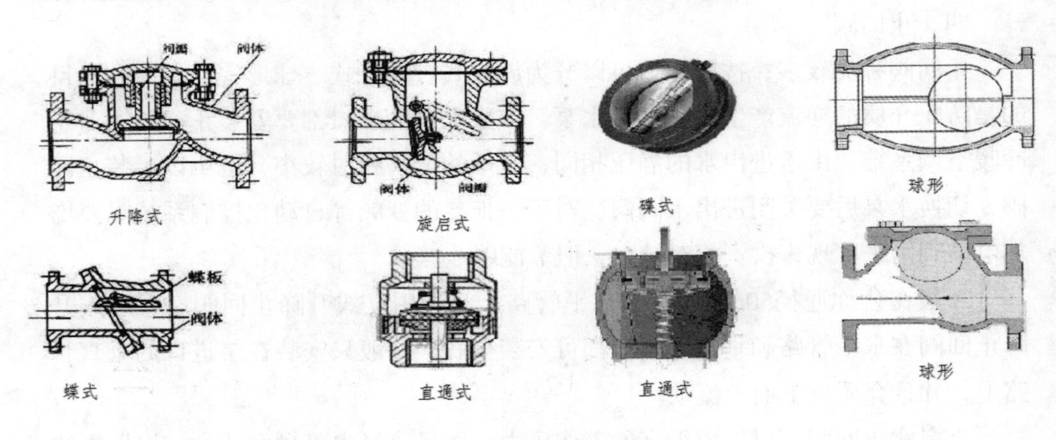

图7-7 止回阀结构图

五、测温球阀

测温球阀是一种球阀和温度传感器组合在一起的阀门，常用在供暖热计量系统，可以作为关断（有的作锁闭）用，也可以用来测量住户供水回水的温度，使用比较广泛。如图7-8，下部为测温孔。

图7–8　测温球阀

六、采用管路系统加装止回阀防止人为失暖或人为失水的探讨

针对中国的特殊国情，目前，计算热量的仪表——热量表及其计量收费系统为防止人为失暖或人为失水现象的发生，大都利用热量表及其计量收费系统的电子部分来实现，而缺少对管路部分的考虑，这样还会影响热计量的准确度，对安装方式和部件的位置也有较高的要求。下述采用管路系统的方法不妨一试：

常用热量表的系统安装图如图7–9所示。

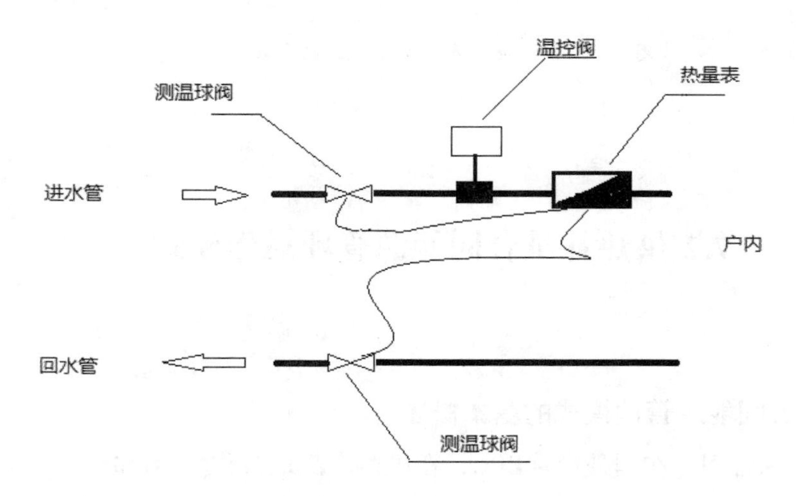

图7–9　通常的热量表系统安装图

若按图7–9所示常用热量表系统，如先把进水总阀门关闭，回水总阀不关闭，从热量表之后暖气片之前的位置放水，回水从系统内流过，热量表乃至整个

系统就无法计量，从而使人为失暖或人为失水成为可能，而且如果出现这种现象，系统水量的流失较大，而且较为隐蔽，不易被发现。为防止人为失暖或人为失水现象的发生，对上述系统进行改进（如图7-10所示），即在回水管上安装一个止回阀，阻止水倒流，就可最大可能地防止人为失暖或人为失水现象的发生。

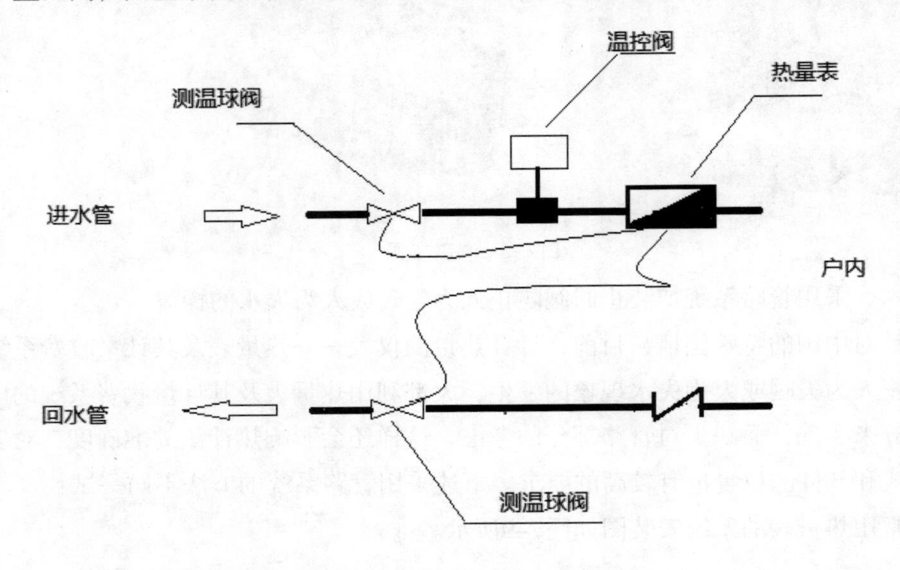

图7-10 改进防失水的热量表系统安装图

7.2 供热计量合同能源管理运作模式

7.2.1合同能源管理模式的基本概述

合同能源管理，在国外简称EPC，在国内广泛地被称为“EMC”（Energy Management Contracting），是70年代在西方发达国家开始发展起来一种基于市场运作的全新的节能新机制。合同能源管理不是推销产品或技术，而是推销一种减少能源成本的财务管理方法。“EMC”公司的经营机制是一种节能投资服务管理；用能单位实现节能效益后，“EMC”公司才与用能单位一起共同分享节能成果，取得双赢的效果。

根据中华人民共和国国家标准《合同能源管理技术通则》，合同能源管理是以减少的能源费用来支付节能项目成本的一种市场化运作的节能机制。节能服务公司与用能单位签订能源管理合同、约定节能目标，为用户提供节能诊断、融资、改造等服务，并以节能效益分享方式回收投资和获得合理利润，可以显著降低用能单位节能改造的资金和技术风险，充分调动用能单位节能改造的积极性，是行之有效的节能措施。

合同能源管理是“EMC”公司通过与用能单位签订节能管理服务合同，为用能单位提供包括：能源审计、项目设计、项目融资、设备采购、工程施工、设备安装调试、人员培训、节能量确认和确保实施等一整套的节能服务，并从用能单位进行节能改造后获得的节能效益中收回投资和取得利润的一种商业运作模式。在合同期间，“EMC”公司与用能单位分享节能效益，在EMC收回投资并获得合理的利润后，合同结束，全部节能效益和节能设备归用能单位所有。

合同能源管理机制的实质是：一种以减少的能源费用来支付节能项目全部成本的节能投资方式。这种节能投资方式允许用能单位使用未来的节能收益为用能单位和能耗设备升级，以及降低目前的运行成本。节能管理服务合同在实施节能项目的企业（用能单位）与专门的盈利性能源管理公司之间签订，它有助于推动节能项目的开展。

合同能源管理不是推销产品或技术，而是推销一种减少能源成本的财务管理方法。“EMC”公司的经营机制是一种节能投资服务管理；用能单位见到节能效益后，“EMC”公司才与用能单位一起共同分享节能成果，取得双赢的效果。基于这种机制运作、以赢利为直接目的的专业化“节能服务公司”（在国外简称“ESCO”，国内简称“EMC”公司）的发展亦十分迅速，尤其是在美国、加拿大和欧洲，“ESCO”已发展成为一种新兴的节能产业。“EMC”公司服务的用能单位不需要承担节能实施的资金、技术及风险，并且可以更快地降低能源成本，获得实施节能后带来的收益，并可以获取“EMC”公司提供的设备。

这种节能投资方式允许用能单位用未来的节能收益为企业和设备升级，以降低目前的运行成本；或者节能服务公司以承诺节能项目的节能效益、或承包整体能源管理费用的方式为用能单位提供节能管理服务。能源管理合同在实施节能项目的企业（用能单位）与节能服务公司之间签订，它有助于推动节能项目的实施。合同能源管理的实质是以减少的能源管理费用来支付节能项目全部成本的节能业务方式。合同能源管理模式在欧美等发达国家非常盛行、也是最主要的一种市场化节能机制。我国从上世纪90年代通过世界银行全球环境基金项目，在山东、北京和大连开展试点，目前，已有20余个省市出台文件，鼓励发展节能管理服务产业。近年来，我国政府加大了对合同能源管理商业模式的扶持力度，2010年4月2日，国务院办公厅转发了发改委等部门《关于加快推行合同能源管理促进节能服务产业发展意见的通知》、财政部出台了《关于印发合同能源管理财政奖励资金管理暂行办法》；2011年1月1日，国家质量监督检验检疫总局和国家标准化管理委员会联合发布实施中华人民共和国国家标准《合同能源管理技术通则》，从政策上、资金上和技术规范上给予了大力的支持，促进了节能服务产业的健康快速发展。合同能源管理公司由2000年的3家，发展到现在的400余家。

7. 2. 2合同能源管理模式的内涵

一、合同能源管理模式的特点：

合同能源管理是市场经济下的节能服务商业化实体，在市场竞争中谋求生存和发展，与我国从属于地方政府的节能服务中心有根本性的区别。“EMC”所开展的“EPC”业务具有以下特点：

（一）商业性

“EMC”是商业化运作的公司，以合同能源管理机制实施节能项目来实现赢利的目的。

（二）整合性

“EMC”业务不是一般意义上的推销产品、设备或技术，而是通过合同能源管理机制为客户提供集成化的节能服务和完整的节能解决方案，为客户实施“交钥匙工程”；“EMC”不是金融机构，但可以为用能单位的节能项目提供资金；“EMC”不一定是节能技术所有者或节能设备制造商，但可以为用能单位选择提供先进、成熟的节能技术和设备；“EMC”也不一定自身拥有实施节能项目的工程能力，但可以向用能单位保证项目的工程质量。对于客户来说，“EMC”的最大价值在于：可以为用能单位实施节能项目提供经过优选的各种资源集成的工程设施及其良好的运行服务，以实现与用能单位约定的节能量或节能效益。

（三）多赢性

"EPC"业务的一大特点是：一个该类项目的成功实施将使介入项目的各方包括："EMC"、用能单位、节能设备制造商和银行等都能从中分享到相应的收益，从而形成多赢的局面。对于分享型的合同能源管理业务，"EMC"可在项目合同期内分享大部分节能效益，以此来收回其投资并获得合理的利润；用能单位在项目合同期内分享部分节能效益，在合同期结束后获得该项目的全部节能效益及"EMC"投资的节能设备的所有权，此外，还能获得节能技术和设备建设和运行的宝贵经验；节能设备制造商销售了其产品，收回了货款；银行可连本带息地收回对该项目的贷款，等等。正是由于多赢性，才使得"EPC"具有了可持续发展的潜力。

（四）风险性

"EMC"通常对用能单位的节能项目进行投资，并向用能单位承诺节能项目的节能效益，因此，"EMC"承担了节能项目的大多数风险。可以说，"EMC"业务是一项高风险业务。"EMC"业务的成败关键在于对节能项目的各种风险的分析和管理。

二、合同能源管理模式的主要类型

（一）节能效益分享型

节能改造工程前期投入由节能公司支付，用能单位无需投入资金。项目完成后，用能单位在一定的合同期内，按比例与公司分享由项目产生的节能效益。具体节能项目的投资额不同，节能效益分配比例和节能项目实施合同年度将有所不同。

注：此类型是国家《合同能源管理财政奖励资金管理暂行办法》规定中财政支持对象。

（二）节能效益支付型（又名：项目采购型）

用能单位委托节能服务公司进行节能改造，先期支付一定比例的工程投资，项目完成后，经过双方验收达到合同规定的节能量，用能单位支付余额，或用节能效益支付。

（三）节能量保证型（又名：效果验证型）

节能改造工程的全部投入由公司先期提供，用能单位无需投入资金，项目完成后，经过双方验收达到合同规定的节能量，用能单位支付节能改造工程费用。

（四）运行服务型

用能单位无需投入资金，项目完成后，在一定的合同期内，节能服务公司负责项目的运行和管理，用能单位支付一定的运行服务费用。合同期结束，项目移交给用能单位。

三、合同能源管理模式的实施流程

（一）节能诊断：针对用能单位的具体情况，对各种耗能设备和环节进行能耗评价，测定企业当前能耗水平，通过对能耗水平的测定。此阶段“ESCO”为用能单位提供服务的起点，由节能服务公司的专业人员对用能单位的能源状况进行测算，对所提出的节能改造的措施进行评估，并将结果与用能单位进行沟通。

（二）改造方案设计：在节能诊断的基础上，由节能服务公司向用能单位提供节能改造方案的设计，这种方案不同于单个设备的置换、节能产品和技术的推销，其中包括项目实施方案和改造后节能效益的分析及预测，使用能单位做到“心中有数”，以充分了解节能改造的效果。

（三）谈判与签署：在节能诊断和改造方案设计的基础上，“EMC”与用能单位进行节能服务合同的谈判。在通常情况下，由于“EMC”为项目承担了大部分风险，因此在合同期（一般为3至10年左右）“EMC”分享项目的大部分的经济效益，小部分的经济效益留给用能单位。待合同期满，“EMC”不再和用能单位分享经济效益，所有经济效益全部归用能单位。

（四）项目投资：合同签定后，进入了节能改造项目的实际实施阶段。由于接受的是合同能源管理的节能服务新机制，用能单位在改造项目的实施过程中，不需要任何投资，节能服务公司根据项目设计负责原材料和设备的采购，其费用由“EMC”支付。

（五）服务：根据合同，项目的施工由EMC负责。在合同中规定，用能单位要为EMC的施工提供必要的便利条件。即节能服务公司提供的服务是“综合型”的服务，既有设计、施工、安装调试等软服务，同时也为用能单位提供节能设备及系统等实物。而作为服务的一部分，这些节能设备及所形成的系统也将由节能服务公司投资采购。

（六）培训：在完成设备安装和调试后即进入试运行阶段，“EMC”还将负责培训用能单位的相关人员，以确保能够正确操作及保养、维护改造中所提供的先进的节能设备和系统。在合同期内，设备或系统的维修由“EMC”负责，并承担有关的费用。

（七）能耗基准、节能量监测：改造工程完工前后，“EMC”与用能单位按照合同约定的测试、验证方案对项目能耗基准和节能量、节能率等相关指标进行实际监测，有必要时可委托第三方机构完成节能量确认。节能量作为双方效益分享的主要依据。

（八）效益分享：由于对项目的全部投入（包括节能诊断、设计、原材料和设备的采购、土建、设备的安装与调试、培训和系统维护运行等）都是由“EMC”提供的，因此在项目的合同期内，ESCO对整个项目拥有所有权。用能单位将节能效益中应由“EMC”分享的部分按月或季支付给“ESCO”。在根据合同所规定的费用全部支付完毕以后，“EMC”把项目交给用能单位，用能单位即拥有项目的所有权。

四、合同能源管理模式的优势

用能单位节能投资意识不强，节能投资资金不足，节能项目“头痛医头”，系统效率不高以及节能投资跟不上等一系列障碍，而合同能源管理形式经济合理，并具有以下优点：

（一）项目零风险：用能单位不需要承担节能项目实施的资金、技术风险，并在项目实施降低用能成本的同时，获得实施节能带来的收益和获取节能服务公司提供的设备。

（二）节能效率高：合同能源管理项目的节能率一般在5%—40%，甚至可超过50%。

（三）改善用能单位的现金流：用能单位借助节能服务公司的服务，可以改善现金流量，把有限的资金投资在其他更优先的投资领域。

（四）使用能单位管理更科学：用能单位借助节能服务公司，可以获得专业节能信息和能源管理经验，提升管理人员素质，促进内部管理科学化。

（五）提升用能单位的竞争力：用能单位实施节能改进后，减少了用能成本支出，提高了产品竞争力。同时还因为节约了能源，改善了环境品质，建立了绿色企业形象，从而增强市场竞争优势。

（六）节能更专业：由于合同能源管理公司是全面负责能源管理的专业化“节能服务公司”，所以能够比一般技术机构提供更专业、更系统的节能技术和解决方案。

（七）节能有保证：节能服务公司可向用能单位承诺节能量，保证用能单位可以在项目实施后即刻实现能源利用成本下降。

（八）投资回收短：节能服务项目投资额较大，但投资回收期短。从已经实施的项目来看，投资回收期平均为1～3年。

（九）市场机制及双赢结果：节能服务公司为用能单位承担了节能项目的风险，在用能单位见到节能效益后，才与节能服务公司一起分享节能成果，而取得双赢的效果。

五、合同能源管理模式与其他业务的区别

（一）与设备销售的区别

“EMC”虽然在为客户进行节能改造时提供原材料及设备，但它并不像制造商或供应商那样仅仅提供某种单一设备，而是节能改造所需的全部技术、原材料及设备，并且按照合同要求进行一系列的服务，向客户保证节能效果，在合同期设备所有权属于“EMC”，因此不等同于一般设备制造商的销售行为，当然也不同于以赚取中间差价为目的的各种贸易公司的销售行为。

（二）与技术咨询的区别

ESCO虽然为客户提供采购、安装、调试、运行和维护等多种服务，但这些只是整个项目中不可分割的一部分，是一个包含提供融资和多种技术服务在内的体系。不像一般的技术服务、咨询机构，只提供某一方面的技术服务或咨询，不提供融资服务。

（三）与融资租赁的区别

通常意义上的租赁可以分为经营性租赁和融资租赁。在我国现有的企业财务制度下，“融资租赁”是指具有融资租赁和所有权转移特点的设备租赁业务。即：出租人根据承租人所要求的规格、型号、性能等条件购入设备租赁给承租人，合同期内设备所有权属于出租人，承租人只拥有其使用权，合同期满付清租金后，承租人有权选择按照残值购入设备，从而完全拥有该设备的使用权和所有权。与合同能源管理二者之间存在着极大的差别：

1.在“融资租赁”里，租赁标的物仅限于设备，虽然合同期内所有权仍然属于出租人，但实质上，所有权上的实质内容已归于承租方，其最明显的特征是设备的“累计折旧”是由承租方提取的，而且，租期几乎要涵盖整个设备寿命期的75%左右；而“EMC”所承揽的不仅仅只有原材料及设备，还包括服务在内，标的物是整个改造项目，合同期也只有寿命期的三分之一或更短，并且，在该期间内，整个项目设备所有权上的实质内容也完全归“EMC”所有。

2.在“融资租赁”里，经中国人民银行批准的出租人对于承租方仅仅只提供出租这一项服务；而“ESCO”不仅要为客户采购整套原材料及设备，还要负责在合同期内提供方案设计、安装、检测、调试、维护、培训、咨询以及节能效果保证等一系列的服务。

3.在“融资租赁”里，出租人并不向承租人保证出租设备可能的使用效果，在租赁期内，有关标的设备的维修、改造等费用均由承租人自己承担，并且出租人按照国家相关规定以及租赁合同的相关条款按时收取租赁费；而“EMC”的首要任务是保证节能效果，只有保证达到合同中所确定的节能量时，双方才能实现效益分享，才能互惠互利，“ESCO”能分享多少效益，完全与能实现多少节能量挂钩，并且，在合同期内出现的非因客户违规操作而导致的设备故障造成的损失均由“EMC”承担。

4.二者所回收的资金的性质不同

“融资租赁”中每次应收取的资金称为租金，包括租赁资产的原价、利息和租赁手续费（但不包括维修、保养等费用）。考虑货币时间价值因素，要将各次支付的租金按照一定利息折算为现值，在合同期内应该是不变的（除最后包括变价收入以外）；而“EMC”每次回收的资金是与所达到的节能量挂钩的，只有达到或超过合同中规定的节能量，才能如数收回合同中规定的金额，在合同期内是有可能发生变化的。

虽然合同能源管理与融资租赁有着上述的各种区别，但是，随着合同能源管理机制在我国的进一步发展和实践，有一些公司已经开始引入融资租赁这种模式作为解决融资问题的一种手段，甚至部分节能服务公司也转型成为融资租赁公司，利用融资租赁的一些政策，结合合同能源管理机制的特点，实施节能项目。

（四）与贷款的区别

“EMC”与金融投资公司性质也有很大差别。先来分析一下“EMC”的整体服务与放贷的区别，“EMC”所提供的是节能项目一条龙服务，还要依照合同向客户保证节能效果，这些都是放贷方不管、不可能管、也没必要管的。“EMC”虽然和放贷方一样要承担资金风险和客户信誉风险，但他们同时还要完全承担技术风险、合同执行风险、节能量估计过高风险以及市场风险等。

（五）与投资的区别

投资方投入企业的资金，并不是仅仅针对某一个项目，而是作为权益资本投入企业，并记入“所有者权益”类账户，从而，投资方将成为被投资企业的所有者之一，与企业共同承担在经营过程中所要面临的各种风险。当然，在履行义务的同时也有权利按投资比例共同分享全部利益，如无其他原因，这些资金是没有特别规定的偿还期限的。而“EMC”的服务仅仅是针对某一个节能改造项目而言，所要承担的仅仅是该项目所要面临的一切风险，与客户所分享的也仅仅是该项目所产生的节能效益，并不涉及客户企业的其他方面，而且这种分享也是有期限的，并非覆盖整个项目寿命期。

六、合同能源管理模式发展的制约因素

尽管合同能源管理项目的实施在中国已有不少成功案例，并且拥有广阔的发展前景，但中国合同能源管理的发展，依然存在许多制约因素，主要表现在：

（一）当前节能降耗还没有成为某些高耗能企业和地方政府的自觉意识，仍然有不少的用能单位为了一己私利，以经济利益为中心，节能降耗意识较弱。有的国有企业人浮于事，浪费严重。

（二）在法律制度方面还没有形成和确立节能投资激励机制和企业节能激励机制；缺乏具有一定强制性的政策法规，影响合同能源管理企业的发展。很多诚市尚缺乏系统性的适合本地市场的财务管理、财税减免、金融支持、政策性奖励等法律法规。政策落实缺乏时效性。与节能服务产业相比，很多城市尤其是二三线小城市对合同能源管理的国家政策的贯彻执行还不够及时；奖励资金申请流程繁琐、不规范。

从本质上说，合同能源管理项目是节能服务公司利用节能的新技术帮助高耗能用能单位进行节能，因此，节能服务公司是否拥有节能技术，是否拥有节能技术研发的实力才是决定合同能源管理项目是否成功的根本性因素。由于中国的合同能源管理事业才刚刚起步，许多人对合同能源管理的了解不够，业务规模和从业人数还相对不足，尤其缺少技术过硬，专业本领强又会控制风险，还能与人沟通的复合型人才。能源服务行业的薪资待遇标准不确定，薪资是不具有吸引力的，难以吸引高素质人才。

（三）节能服务公司实施合同能源管理项目，需要先垫付资金，随着实施项目的增多，资金压力不断加大，如果没有融资支持，公司发展就会难以为继。同时由于合同能源管理的投入产出周期长，大项目一般在投入几年以后才会有回报，企业要进行后续投入面临很大的资金压力。由于中国合同能源管理行业不规范，大多数能源合同管理企业还处于发展阶段，缺少较高诚信度，银行资信等级较低，申请贷款及担保程序繁琐，贷款比较困难。

企业信用评价体系不完善阻碍了合同能源管理服务业的发展。一般来讲，采用合同能源管理模式进行节能技改的项目周期较长，利益分期回报。节能服务公司普遍担心在节能改造项目结束后用能单位是否会有其他的变故影响支付能力。在社会诚信和商业诚信相对缺失、司法成本偏高、体制不够完善的情况下，节能服务公司承担一定的商业风险，如果遭遇恶性恶意毁约不履行承诺的案子就会对节能服务公司尤其是小型的节能服务公司运营造成困扰，影响其运转。某些节能服务公司片面追求利益，为拿项目盲目保证节能量，损害业主利益，破坏了节能行业的行风；一些城市又缺乏权威的节能量审核机构，发生纠纷仲裁困难、造成企业负担。

随着我国政策对合同能源管理的支持力度日益加大，以上担忧也有了较大的改善，合同能源管理机制是1998 年由国家发改委、财政部和世界银行、全球环境基金共同合作引进中国。此后，国务院陆续出台了一系列政策，推动合同能源管理产业的发展。1997–2006 年以来，我国46 家节能服务公司实施了357 个能源合同管理项目。到2009 年，全国节能服务公司约502 家，共实施节能项目4000 多个，总投资280 亿元，完成总产值580 多亿，形成年节能能力1350 万吨标准煤。

七、合同能源管理模式的主管部门

合同能源管理公司必须获得国家财政部和国家发展改革委的备案，才能够获得财政奖励和税收优惠。

资格备案与财政奖励主管部门：国家发展改革委、国家财政部；

资格备案与财政奖励组织部门：国家发展改革委环资司、国家节能中心，各地方经信委、发改委。

7.2.3合同能源管理实施的重要意义和扶助政策

一、推行合同能源管理、发展节能服务产业的重要意义

国务院办公厅于 2010年4月2日转发了发展改革委等部门《关于加快推行合同能源管理促进节能服务产业发展意见的通知》。明确指出：合同能源管理是发达国家普遍推行的、运用市场手段促进节能的服务机制。节能服务公司与用户签订能源管理合同，为用户提供节能诊断、融资、改造等服务，并以节能效益分享方式回收投资和获得合理利润，可以大大降低用能单位节能改造的资金和技术风险，充分调动用能单位节能改造的积极性，是行之有效的节能措施。我国上世纪90年代末引进合同能源管理机制以来，通过示范、引导和推广，节能服务产业迅速发展，专业化的节能服务公司不断增多，服务范围已扩展到工业、建筑、交通、公共机构等多个领域。2009年，全国节能服务公司达502家，完成总产值580多亿元，形成年节能能力1350万吨标准煤，对推动节能改造、减少能源消耗、增加社会就业发挥了积极作用。但也要看到，我国合同能源管理还没有得到足够的重视，节能服务产业还存在财税扶持政策少、融资困难以及规模偏小、发展不规范等突出问题，难以适应节能工作形势发展的需要。加快推行合同能源管理，积极发展节能服务产业，是利用市场机制促进节能减排、减缓温室气体排放的有力措施，是培育战略性新兴产业、形成新的经济增长点的迫切要求，是建设资源节约型和环境友好型社会的客观需要。各地区、各部门要充分认识推行合同能源管理、发展节能服务产业的重要意义，采取切实有效措施，努力创造良好的政策环境，促进节能服务产业加快发展。

二、促进合同能源管理产业发展的扶助政策

（一）加大资金支持力度

将合同能源管理项目纳入中央预算内投资和中央财政节能减排专项资金支持范围，对节能服务公司采用合同能源管理方式实施的节能改造项目，符合相关规定的，给予资金补助或奖励。有条件的地方也要安排一定资金，支持和引导节能服务产业发展。

（二）实行税收扶持政策

在加强税收征管的前提下，对节能服务产业采取适当的税收扶持政策。

一是对节能服务公司实施合同能源管理项目，取得的营业税应税收入，暂免征收营业税，对其无偿转让给用能单位的因实施合同能源管理项目形成的资产，免征增值税。

二是节能服务公司实施合同能源管理项目，符合税法有关规定的，自项目取得第一笔生产经营收入所属纳税年度起，第一年至第三年免征企业所得税，第四年至第六年减半征收企业所得税。

三是用能企业按照能源管理合同实际支付给节能服务公司的合理支出，均可以在计算当期应纳税所得额时扣除，不再区分服务费用和资产价款进行税务处理。

四是能源管理合同期满后，节能服务公司转让给用能企业的因实施合同能源管理项目形成的资产，按折旧或摊销期满的资产进行税务处理。节能服务公司与用能企业办理上述资产的权属转移时，也不再另行计入节能服务公司的收入。

上述税收政策的具体实施办法由财政部、税务总局会同发展改革委等部门另行制定。

（三）完善相关会计制度

各级政府机构采用合同能源管理方式实施节能改造，按照合同支付给节能服务公司的支出视同能源费用进行列支。事业单位采用合同能源管理方式实施节能改造，按照合同支付给节能服务公司的支出计入相关支出。企业采用合同能源管理方式实施节能改造，如购建资产和接受服务能够合理区分且单独计量的，应当分别予以核算，按照国家统一的会计准则制度处理；如不能合理区分或虽能区分但不能单独计量的，企业实际支付给节能服务公司的支出作为费用列支，能源管理合同期满，用能单位取得相关资产作为接受捐赠处理，节能服务公司作为赠与处理。

（四）进一步改善金融服务

鼓励银行等金融机构根据节能服务公司的融资需求特点，创新信贷产品，拓宽担保品范围，简化申请和审批手续，为节能服务公司提供项目融资、保理等金融服务。节能服务公司实施合同能源管理项目投入的固定资产可按有关规定向银行申请抵押贷款。积极利用国外的优惠贷款和赠款加大对合同能源管理项目的支持。

（五）加强对节能服务产业发展的指导和服务

1.鼓励支持节能服务公司做大做强

节能服务公司要加强服务创新，加强人才培养，加强技术研发，加强品牌建设，不断提高综合实力和市场竞争力。鼓励节能服务公司通过兼并、联合、重组等方式，实行规模化、品牌化、网络化经营，形成一批拥有知名品牌，具有较强竞争力的大型服务企业。鼓励大型重点用能单位利用自己的技术优势和管理经验，组建专业化节能服务公司，为本行业其他用能单位提供节能服务。

2.发挥行业组织的服务和自律作用

节能服务行业组织要充分发挥职能作用，大力开展业务培训，加快建设信息交流平台，及时总结推广业绩突出的节能服务公司的成功经验，积极开展节能咨询服务。要制定节能服务行业公约，建立健全行业自律机制，提高行业整体素质。

3.营造节能服务产业发展的良好环境

地方各级人民政府要将推行合同能源管理、发展节能服务产业纳入重要议事日程，加强领导，精心组织，务求取得实效。政府机构要带头采用合同能源管理方式实施节能改造，发挥模范表率作用。各级节能主管部门要采取多种形式，广泛宣传推行合同能源管理的重要意义和明显成效，提高全社会对合同能源管理的认知度和认同感，营造推行合同能源管理的有利氛围。要加强用能计量管理，督促用能单位按规定配备能源计量器具，为节能服务公司实施合同能源管理项目提供基础条件。要组织实施合同能源管理示范项目，发挥引导和带动作用。要加强对节能服务产业发展规律的研究，积极借鉴国外的先进经验和有益做法，协调解决产业发展中的困难和问题，推进产业持续健康发展。

出于供热计量对节能减排的特殊性，建议在地方政府节能主管部门的策划下，建立以合同能源管理公司为主体，产品生产企业及供热中心相结合的创新管理体系，确立供热单位作为供热计量收费的责任主体负责供热计量装置和室内温控装置的采购、安装；供热企业全过程参与供热计量工程的明确职责，组织热能表生产企业配套城市供热计量工程全方位服务合作，实行合同能源管理的战略联盟管理运作模式。这种管理运作模式能够迅速有效解决目前在供热计量工程实践中，户用热量表的故障率较高、城市供热公司对计量产品质量不放心、供热计量改造初始费用高、售后配套系统服务不到位、缺乏第三方全程监督、最终甚至可能会引发纠纷等棘手问题，是一种有效调动各个方面的积极性和责任心、一种切实符合实际国情、符合市场经济客观规律的供热计量工程创新型的管理运作模式。

7.3 电磁式热量表的现场安装调试

7.3.1电磁式热能表现场安装方式

电磁式热能表的整体安装示意图如图7-11。

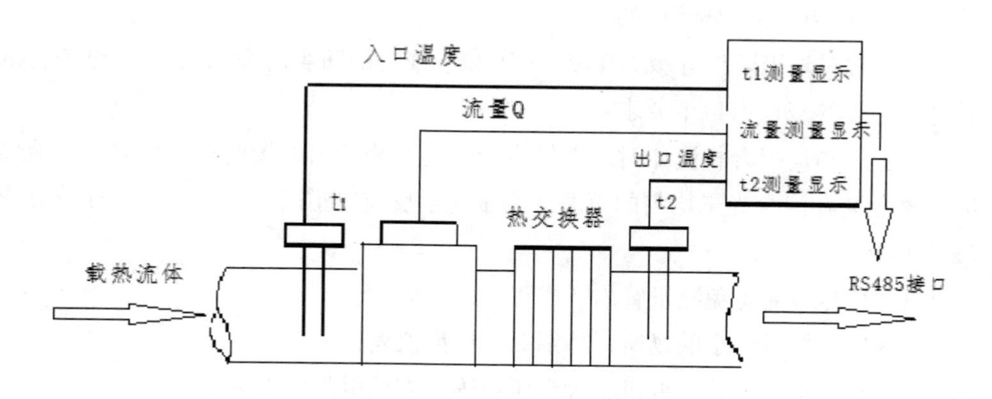

图7-11 电磁式热能表的整体安装示意图

电磁流量传感器推荐的现场安装方式如图7-12。

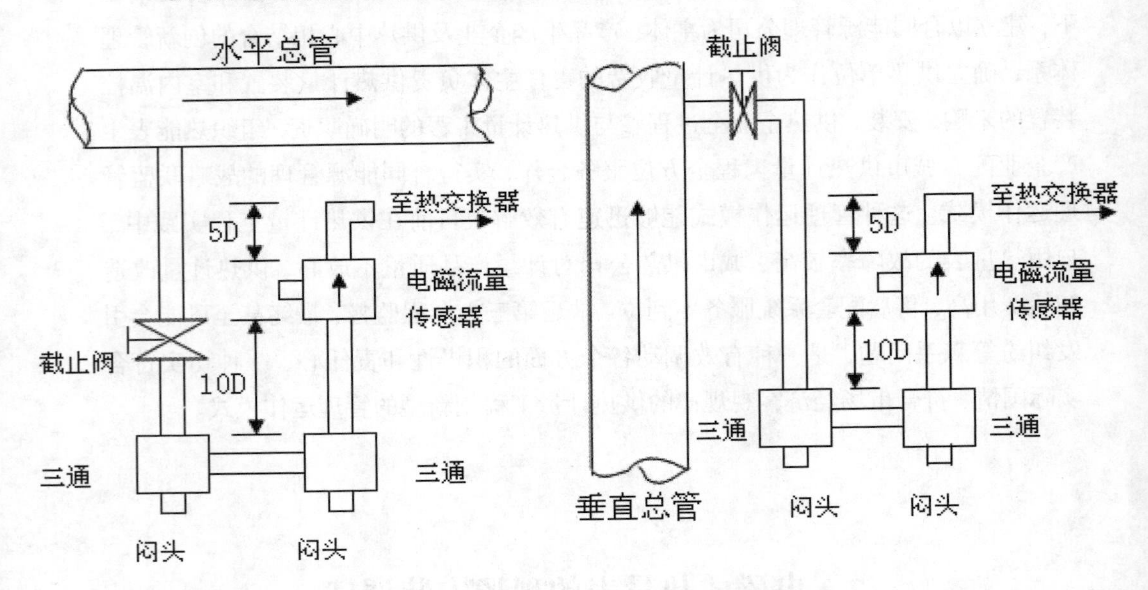

图7-12 电磁流量传感器推荐的现场安装方式

7.3.2电磁流量传感器现场安装方法

一、电磁流量传感器现场安装要求

（一）传感器安装环境的选择

1.通常对外壳防护等级为IP65（GB 4208规定的防尘防喷水级） 的电磁流量传感器，安装场所有以下要求：

（1） 测量混合相流体时，选择不会引起互相分离的场所；测量双组分液体时，避免装在混合尚未均匀的下游；测量化学反应管道时，要装在反应充分完成段的下游；

（2） 尽可能避免测量管内变成负压；

（3） 选择震动小的场所，特别对一体型仪表；

（4） 避免附近有大电机、大变压器等，以免引起电磁场干扰；

（5） 易于实现传感器单独接地的场所；

（6）尽可能避开周围环境有高浓度腐蚀性气体；

（7）环境温度在-10～50℃范围内，一体形结构温度还受制于电子元器件，范围要窄些；

（8）环境相对湿度在10%～90%范围内；

（9）尽可能避免受阳光直照；

（10）避免雨水浸淋，不会被水浸没。

2.直管段长度要求

为获得正常测量精确度，电磁流量传感器上游也要有一定长度直管段，但其长度与大部分其他流量仪表相比要求较低。90º弯头、T形管、同心异径管、全开闸阀后通常认为只要离电极中心线（不是传感器进口端连接面）5倍直径（5D）长度的直管段，不同开度的阀则需10D；下游直管段为（2～3）D或无要求；但要防止蝶阀阀片伸入到传感器测量管内。

3.水平和垂直安装

传感器既可以水平和垂直安装，也可以倾斜安装，但是应该确保避免沉积物和气泡对测量电极的影响，电极轴向保持水平为好。垂直安装时，流体应自下而上流动。传感器不能安装在管道的最高位置，这个位置容易积聚气泡。确保满管安装，确保流量传感器在测量时，管道中充满被测流体，不能出现非满管状态。

4.弯管、阀门和泵之间的安装

为保证测量的稳定性，应在传感器的前后设置直管段。如做不到则应采用稳流器或减小测量点的截面积。

传感器不能安装在泵的进水口，而应安装在泵的出水口以避免负压。

传感器的安装地点，应选择安装点前后有足够的直管段。通常，进口直管段应≥5D，出口直管段≥3D（D为传感器公称口径），对于插入式传感器，进口直管段应≥ 20 D，出口直管段≥7D。

当出口为放空状态时，传感器不应安装在管道放空之处，应安装在管路的较低处。

传感器安装在管道下方处时，应保证传感器内被液体充满，不能出现空管状态。

5.负压管道系统的安装

氟塑料衬里传感器须谨慎地应用于负压管路系统；正压管路系统应防止产生

负压，例如对于液体温度高于室温的管路系统，当关闭传感器上下游截止阀停止运行后，流体冷却收缩就会形成负压，因此应在传感器附近装负压防止阀。

6.传感器的接地措施

传感器产生的流量信号非常小，在满量程时也只有几个毫伏，所以传感器必须单独良好接地（接地电阻10Ω以下）。电磁流量计的接地有两个原则要求：

（1）从电磁流量计的工作原理和流量感应信号电流的回路来分析，传感器和转换器的接地端必须与被测介质同电位。

（2）接地能够以大地为零电位，以减少外界干扰。

一般情况下，工艺管道都是金属管，本身都是接地的，这点要求很容易满足。但是在外界电磁场干扰较大的情况下，电磁流量计应另行设置接地装置，接地线采用截面大于5mm2的多股铜线电缆，传感器的接地线绝不能接在电机或其他设备的公共地线上，以避免漏电流的影响。如传感器装在有阴极腐蚀保护管道上，则传感器必须与有阴极腐蚀保护管道绝缘，因此，除了传感器和接地环一起接地外，还要用较粗铜导线（16mm2）绕过传感器跨接管道两连接法兰上，使阴极保护电流与传感器之间隔离。

●传感器在直接敷设地面的金属管道上安装（金属管道内壁没有绝缘涂层），仅需用多股铜线电缆将传感器两端的法兰相连接。

●传感器在塑料管道上或在有绝缘衬里的管道上安装，传感器的两端应安装接地环、或接地法兰、或带有接地电极的短管。使管内流动的被测介质与大地短接，具有零电位，否则，电磁流量计无法正常工作。

（二）转换器安装和连接电缆

一体型电磁流量计无需单独安装转换器；分离型转换器应安装在传感器附近或仪表室，场所选择余地较大，环境条件比传感器好些，其防护等级是 IP65 或 IP64 （防尘防溅级）。转换器作为现场指示用的现场安装仪表，它的安装场所一般应选择：

●周围环境温度在-10～45℃间；

●空气的相对湿度≤85%；

●安装地点无强烈震动；

●周围空气不含有腐蚀性气体；

●转换器应尽量安装在室内。安装在室外时，还应采取防日晒雨淋的措施。

转换器和传感器间距离受制于被测介质电导率和信号电缆型号，即电缆的分布电容、导线截面和屏蔽层数等。要用制造厂随仪表所附（或规定型号）的信号电缆。电导率较低液体和传输距离较长时，也有规定用三层屏蔽电缆。一般仪表“使用说明书”对不同电导率液体给出相应传输距离范围。单层屏蔽电缆用于工业用水或酸碱液通常可传送距离100m。

为了避免干扰信号，信号电缆必须单独穿在接地保护钢管内，但不能把信号电缆和电源线安装在同一钢管内。

电磁流量传感器现场安装示意图如图7-13（a）-（j）。

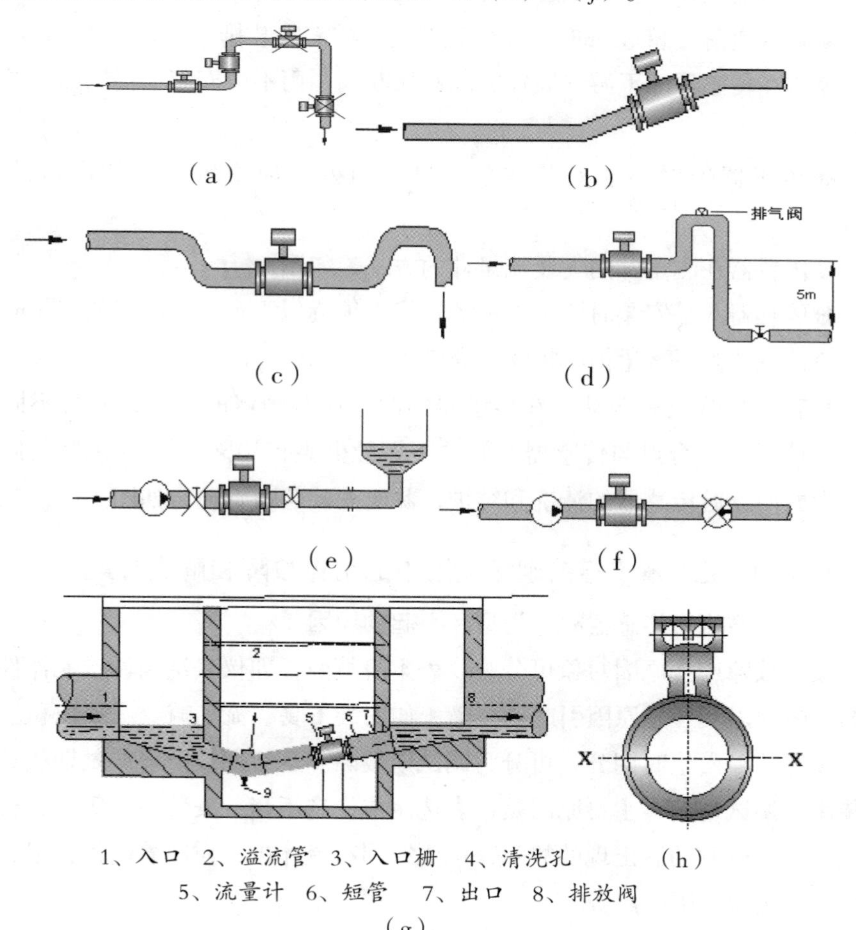

（a）　（b）

（c）　（d）

（e）　（f）

1、入口　2、溢流管　3、入口栅　4、清洗孔

5、流量计　6、短管　7、出口　8、排放阀

（g）　（h）

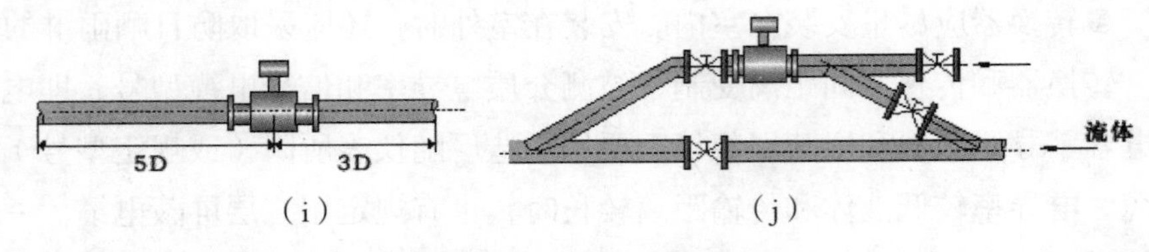

图7-13 电磁流量传感器现场安装示意图

●传感器应安装在水平管道较低处和垂直向上处，避免安装在管道的最高点和垂直向下处，如图（a）；

●传感器应安装在管道上升处，如图（b）；

●传感器在开口排放管道安装，应安装在管道的较低处，如图（c）；

●若管道落差超过5m时，在传感器的下游需安装排气阀，如图（d）；

●应在传感器的下游安装控制阀和切断阀，而不应安装在传感器上游，如图（e）；

●传感器绝对不能安装在泵的进出口处，应安装在泵的出口处，如图（f）；

●传感器在测量井内安装流量计的方式，如图（g）；

●传感器水平安装时测量电极的轴线必须近似于水平方向，如图（h）；

●传感器测量管道内必须完全充满液体，如图（i）；

●若测量管道有振动，在传感器的两边应有固定的支座，测量不同介质的混合液体时，混合点与传感器之间的距离最少要有30×D（D为传感器内径）长度，为方便今后传感器的清洗和维护，并应安装旁通管道，如图（j）。

7.3.3电磁流量传感器现场使用中的常见故障和解决方案

一、电磁流量传感器故障类型和引起的原因

按照故障产生原因对象可分为仪表本身故障，即仪表结构件或元器件损坏引起的故障；以及外界原因引起的故障，如安装不妥、流动畸变、沉积和结垢等。

按照故障发生时期分，可分为调试期故障和运行期故障。调试期故障出现在新装用后调试初期，主要原因是仪表选用或设定不当，安装不妥等。运行期故障是在运行一段时期后出现的故障，主要原因有流体中杂质附着电极衬里，环境条件变化，出现新干扰源等。

按故障外界源头可分为3个方面：管道系统和安装等方面引起的故障、环境方面引起的故障以及流体方面引起的故障。

（一）调试期故障原因

本类故障在电磁流量计初始装用调试时就出现，但一经改进排除故障，以后在相同条件下一般就不会再度出现。常见调试期故障主要有安装不妥、环境干扰、流体特性影响三方面原因。

1.管道系统和安装等方面

通常是电磁流量传感器安装位置不正确引起的故障，常见的例如将流量传感器安装在易积聚潴留气体的管网高点；流量传感器后无背压，液体径直排入空气，形成其测量管内非满管；装在自上向下流的垂直管道上，可能出现排空等。

2.环境方面

主要是管道杂散电流干扰，空间电磁波干扰，大电机磁场干扰等。管道杂散电流干扰通常采取良好单独接地保护即可获得满意测量，但如遇管道有强杂散电流（如电解车间管道）亦不一定能克服，须采取流量传感器与管道缘绝的措施。空间电磁波干扰一般经信号电缆引入，通常采用单层或多层屏蔽予以保护，但也曾遇到屏蔽保护也不能克服的个别现象。

3.流体方面

液体含有均匀分布细小气泡通常不影响正常测量，唯所测得体积流量是液体和气体两者之和；气泡增大会使输出信号波动，若气泡大到流过电极遮盖整个电极表面，使电极信号回路瞬时断开，输出信号将产生更大波动。

低频（50／16Hz–50／6Hz）矩形波励磁的电磁流量计测量液体中含有固体超过一定含量时将产生浆液噪声，输出信号亦会有一定程度波动。

两种或两种以上液体作管道混合工艺时，若两种液体电导率（或各自与电极间电位）有差异，在混合未均匀前即进入流量传感器进行流量测量，输出信号亦会产生波动。

电极材质与被测介质选配不善，产生钝化或氧化等化学作用，电极表面形成绝缘膜，以及电化学和极化现象等，均会妨碍正常测量。

（二）运行期故障原因

经初期调试并正常运行一段时期后在运行期间出现的故障，常见故障原因有：流量传感器内壁附着层，雷电击，环境条件变化。

1.内壁附着层原因

由于电磁流量计测量含有悬浮固相或污脏体的机会远比其他流量仪表多，出现内壁附着层产生的故障概率也就相对较高。若附着层电导率与液体电导率相近，仪表还能正常输出信号，只是改变流通面积，形成测量误差的隐性故障；若是高电导率附着层，电极间电动势将被短路；若是绝缘性附着层，电极表面被绝缘而断开测量电路。后两种现象均会使仪表无法工作。

2.雷电击原因

雷电击在线路中感应瞬时高电压和浪涌电流，进入仪表就会损坏仪表。雷电击损仪表有三条引入途径：电源线，传感器与转换器之间的流量信号线和励磁电流连接线。然而从雷电故障中损坏零部件的分析，引起故障的感应高电压和浪涌电流大部分是从控制室电源线路引入的，其他两条途径较少。还从发生雷击事故现场了解到，不仅电磁流量计出现故障，控制室中其他仪表也常常同时出现雷击事故。因此使用单位要认识设置控制室仪表电源线防雷设施的重要性。

3.环境条件变化原因

主要原因等同于上节调试期故障环境方面，只是干扰源不在调试期出现而在运行期间再进入的。例如一台接地保护并不理想的电磁流量计，调试期因无干扰源，仪表运行正常，然而在运行期出现新干扰源（例如测量点附近管道或较远处实施管道电焊）干扰仪表正常运行，出现输出信号大幅度波动。

二、电磁流量计故障现象和检查流程

（一）电磁流量计常见故障现象

1.无流量信号；

2.输出晃动；

3.零点不稳；

4.流量测量值与实际值不符；

5.输出信号超满度值 。

（二）检查流程

通常检查整个测量系统和判断故障的检查环节包括电磁流量计本身的传感器和转换器以及两者的连接电缆，电磁流量计上位的工艺管道，下（后）位显示仪表连接电缆。

检查首先从显示仪表工作是否正常开始，逆流量信号传送的方向进行。用模拟信号发生器测试转换器，以判断故障发生在转换器及其后位仪表还是在转换器的上位传感器。若是转换器故障，如有条件可方便地借用转换器或转换器内线路板作替代法调试；若是传感器故障需要进行调换时，因必须停止运行，关闭管道系统，涉及面较广，常不易办到。特别是大口径流量传感器，试换工程量大，通常只有在做完其他各项检查，最后才下决心是否将其卸下管道检查传感器测量管内部状况或予以调换。

（三）经常采用的检查手段或方法以及检查内容：

1.通用常规仪器检查法

（1）电阻法

①保险丝的通断；

②信号电缆、励磁电流电缆的通断；

③励磁线圈的通断；

④电极对称性测量；

⑤电极对地的绝缘电阻；

⑥励磁线圈对地的绝缘电阻。

（2）电源法

①测量励磁回路电流

②电压法判别：工作电源（包括供电和转换器本身电源）是否正常；

③波形法在熟悉线路基础上测量关键点波形，判别故障所在。

（3）替代法

利用转换器和传感器之间以及转换器内务线路板部件之间的互换性，以替代法判别故障所在位置。

（4）信号踪迹法

用模拟信号发生器替代传感器，在液体未流动条件下提供流量信号，以测试电磁流量转换器。模拟信号发生器是为调试和检查电磁流量计而专门设计的专用仪器，能够模拟流量传感器的输出信号。

三、电磁流量计故障现象检查和采取的措施

（一）无流量信号输出故障：

1.故障原因

无流量信号输出大体上可归纳为5个方面故障原因：

（1）电源未通等电源方面故障；

（2）连接电缆（激磁回路，信号回路）系统方面故障；

（3）液体流动状况方面故障；

（4）传感器零部件损坏或测量内壁附着层引起等方面的故障；

（5）转换器元器件损坏方面的故障。

2.检查程序

检查时先全面考虑后对故障作初步检查和判断，然后再逐项细致检查和试排除故障。检查顺序的先后原则是：

（1）可经观察或询问了解毋须较大操作的在前，即先易后难；

（2）按过去现场检修经验，故障出现频度较高而售后可能出现故障的概率；

（3）检查的先后应考虑要求较高者在前。若经初步调查确认是后几项故障原因，亦可提前做细致检查。

3.故障检查和采取措施

（1）查电源方面故障

首先确认已接入电源，再检查电源各部分。查主电源和励磁电流熔丝，若接入符合规定电流值新熔丝再通电而又熔断，必须找出故障所在点。查电源线路板输出各路电压是否正常，或试以置换整个电源线路板。

（2）查连接电缆系统方面故障

分别检查连接激磁系统和信号系统的电缆是否相通，连接是否正确。

（3）查液体流动方向和管内液体充满性状态

液体流动方向必须与传感器壳体上箭头方向一致。对于能正反向测量的电磁流量计，若方向不一致虽仍可测量，但设定的显示流动正反方向不符，必须改正之。若拆传感器工作量大，也可改变传感器上箭头方向和重新设定显示仪表符号。

管道未充满液体主要是管网工程设计或传感器安装位置不妥，使传感器测量管内不能充满液体。应采取措施改变传感器安装位置。

（4）查传感器完好性和测量管内壁状况

主要检查各接线端子和励磁线圈完好性，以及测量管内壁状况。

励磁线圈及其系统出现的故障常有：

●励磁线圈断路；

●励磁线圈或其接线端子绝缘下降；

●励磁线圈匝间短路。

三类故障中以绝缘下降出现的频度相对较高。励磁线圈断开和绝缘下降可方便地用万用电表和兆欧表检查。励磁线圈匝间短路检查就相对复杂些，首先新装电磁流量计启用前用惠斯登电极测其直流电阻值和测量时环境温度，并记录在案作为比对参照值。检查故障时若出现较大范围匝间短路，用万用表测量电阻就可做出判断；若是少数匝间短路或要证明未发生短路。还必须用电桥测量，并作必要铜电阻温度系数修正。

传感器激磁线圈回路绝缘下降的故障出现频率相对较高的原因是，电气外壳防护等级IP65（GB4203—93）的传感器常被短时间浸水（如传感器装在较低位置时周围出事故浸水），按IP65仅是防尘防喷水，很易浸入水或潮气。即使是IP67（防尘防短时间浸水）或IP68（防尘防连续浸水）级，也常发生在接线完成后，引入电缆密封圈或端子盒盖密封垫片未达到密封要求而形成故障。因操作疏忽密封圈垫部位进水造成的故障是屡见不鲜的。

接线端子受潮引起的绝缘下降，通常可采用热吹风吹干燥之后恢复绝缘。线圈受潮对于两半合拢保护外壳的传感器，可拆卸外壳盖置于烘箱，以适当温度烘干之；对于气密型（即焊接结构的防护外壳）传感器磁圈虽然结构上保证不会受潮，但也有从电缆与密封胶交界面渗入的案例。

测量管内壁状况附着绝缘层或导电层的最可靠检查判断的方法是卸下传感器，离线直接检查，但工作量较大；亦可用在线间接检查方法，即测量电极接触电阻和电极极化电压估计附着层状况。间接方法的具体操作参见“电磁流量计专项检测”。

（5）检查转换器的故障。

电磁流量计转换器检查方法通常采用以线路板备件和替代法试排除故障

（二）输出晃动检查和采取的措施

1.故障原因

输出晃动大体上可归纳为五方面故障原因，它们是：

（1）流体流动本身是波动或脉动的，实质上不是电磁流量计的故障，仅如实反映流动状况；

（2）管道未充满液体或液体中含有气泡；

（3）外界杂散电流等电、磁干扰；

（4）液体物理性能方面（如液体电导率不均匀或含有较多变颗粒／纤维的浆液等）的原因；

（5）电极材料与液体匹配不妥。

2.检查程序

检查时先全面考虑后对故障作初步检查和判断，然后再逐项细致检查和试排除故障。检查顺序的先后原则是：

（1）可经观察或询问了解无须作较大操作的在前，即先易后难；

（2）按过去现场检修经验，出现频率较高而今后可以出现概率较高者在前；

（3）检查本身的先后要求。若经初步调查确认足后几项故障原因，亦可提前作细致检查。

3.故障检查和采取措施

（1）流体流动本身产生的波动（或脉动）

若流体流动本身的波动，仪表输出晃动则是如实反映流体波动状况。检查方法可在使用现场向操作人员和流程工艺人员询问或巡视是否存在波动源。

管道系统流体流动波动（或脉动）的原因通常有三个方面：

●电磁流量计上游的流动动力源采用了往复泵或膜片泵（经常用于精细化工、食品、医药和给水净化等加注药液），这些泵的脉动频率通常在每分钟几次到百余次之间；

●仪表下游的控制阀流动特性和尺寸选用不妥，从而产生共振，这可观察控制阀阀杆是否有振荡性移动；

●其他扰动源使流动波动，例如：电磁流量计上游管道中有否阻流件（如全开蝶阀）产生旋涡（如象涡街流量计旋涡发生体产生的涡列，传感器进口端垫圈伸人流通通道，垫圈条片状碎块悬在液流中摆动等等）。

在有脉动流动源的管线上，要减缓其对流量仪表测量的影响，通常采取流量传感器远离脉动源，利用管道流动自身流阻衰减脉动；或在管线适当位置装上称作被动式滤波器（流动整流器）的气室缓冲器，吸收脉动。流动调整器（流动整流器）是置于管道内的多孔板或由较小管束（或格栅板）组成的一种管件，用来减少（或消除）漩涡和改善流速分布畸变，以达到缩短直管段长度的目的。

（2）管道未充满液体或液体中含有气泡

本类故障主要是管网工程设计不良使传感器的测量管未充满液体或传感器安装不妥所致。应采取措施改变传感器安装位置。

传感器下游无背压或背压不足，流体流经下游很短一段管段即排入空气，致使传感器测量管内有可能未充满流体。有时候当管路流量较大时能充满流体仪，表运行正常，而当流量减小就有可能液体不满而使仪表失常，出现脉动。

流体中泡状气体的形成有两种途径：从外界吸入和液体中溶解气体（空气）转变成游离状气泡。

液体中含有气泡数量不多且气泡球径远小于电极直径，虽然减少了部分液体体积，但不会使电磁流量计输出晃动；较大气泡则因擦过电极能遮盖整个电极，使流量信号回路瞬间开路，则输出信号晃动更大。

●流体中的微小气泡随流体流动过程中会逐渐积聚在管道系统的高点或死角，若电磁流量计装在管道系统高点，滞留气体减少了传感器内流体流通面积而影响测量准确度，滞留较多时还会产生干扰信号；若传感器装在高点下游，高点积聚气体超过容纳量或因受压力波动，气体以泡状或片状随液体流动，遮盖电极而造成输出晃动。

●外界吸入空气常见途径是给水公用事业方面产生，主要是江河原水含有气泡，或吸入口水位高度过低（通常要求有2—5倍以上吸入口直径的距离，视吸入流速而异）形成吸入旋涡卷进空气。在流程工业方面的配比混合容器搅拌时混入空气以及泵吸入端或管系其他局部产生密封不良的场所吸入空气等。这类故障在实践中也常会碰到。

●液体中溶解的空气分离成游离气泡，管道系统压力降低使原溶解的空气（或气体）分离成游离气泡。例如充满流体管道系统二端阀门关闭，停止运行后逐渐冷却，由于热膨胀系数不同，液体收缩比管道系统收缩大得多，管道系统中形成收缩空间，形成局部真空状态。液体中溶解空气便分离出来形成气泡，积聚于管道系统高点。重新启动，夹入气泡的液体流过电极表面就可能使电磁流量计输出晃动。这也可能是管道系统启动运行初期电磁流量计输出晃动，然后趋于稳定的现象原因之一。又如水在1个大气压0℃时最多可溶解约0.3%空气，若在流程中水温升高空气就会分离成游离气泡（到30℃时，最多只能溶解约0.15%）。积聚起来也有可能出现故障。

（3）外界电磁干扰

电磁流量计由于流量信号微小容易受外界干扰影响，干扰源主要有管道杂散电流、静电、电磁波和磁场。

●管道杂散电流主要靠电磁流量计良好接地保护，通常接地电阻要小于10Ω，不要和其他电机和电器共用接地。有时候环境条件较好，电磁流量计不接地也能正常工作，但是我们认为即使如此还是做好接地为妥。因为一旦良好环境条件不复存在，仪表出现故障，届时会影响使用，再做各种检查带来诸多麻烦。

有时候电磁流量计虽然良好接地，由于管道杂散电流过于强大（如电解工艺流程管线和有阴极保护管网）影响电磁流量计正常测量，此时却须将电磁流量传感器与管道之间作电气绝缘隔离。

●2>静电和电磁波干扰会通过电磁流量计传感器和转换器间的信号线引入，通常若良好屏蔽（如信号线用屏蔽电缆，电缆置于保护铁管内）是可以防治的。然而也曾遇到强电磁波防治无效的实例，此时将转换器移近到传感器附近，缩短连接的信号电缆，或改用无外接电缆的一体型仪表。

●磁场干扰通常只有采取电磁流量传感器远离强磁场源。电磁流量计抗磁场的能力视传感器的结构设计而异，如传感器激磁线圈保护外壳由非磁性材料（如铝、塑料）制成，抗磁场影响的能力较弱，钢铁材料制成则较强。

（4）论证核查液体物理性能

液体物理性能中有三种因素会使输出晃动：

●液体中含有固相颗粒或气泡。

被测液体含有较多固体颗粒会像前文所述气泡一样，使流量信号出现尖峰脉冲状噪声等，造成输出晃动。固相若是粉状通常则不会形成输出晃动。

● 双组分液体中二种液体电导率不同而未均匀混合，或管道化学反应尚未完全。

在精细化工业、食品业、医药业和给水处理工程经常在主液内加药液，而药液通常是由往复泵或膜片泵按主液流量成比例地注入。注入药液后的上液呈现有药液段和无药液段相间隔的段列，若两种电导率不间的液体没有混和均匀，其下游测量流量的电磁流量计输出就会呈现晃动。出现这种情况应将加液点移至下游，或将电磁流量计移全加液点上游；如果受现场条件限制或嫌改装工程量大，亦可在加液点下游装混合器补救之。但装静态混合器后液流将产小旋转流，有可能造成1%或以上的额外附加误差。然而与输出晃动无法测量相比，是权衡两弊取其轻的措施。

若混合液在管道内化学反应未结束就进入电磁流量汁测量，也有可能出现输出晃动现象。这种情况下只能改变测量点位置，务使测量位置在混合点上游或远离混合段的下游。然而远离混合段的相隔距离需要很长，例如反应时间60s，液体流速3m／s，不考虑保险系数就要求相距180m。

●液体的电导率接近下限值。

液体电导率若接近下限值也有可能出现晃动现象。因为制造厂仪表规范规定的电导率下限值是在各种使用条件较好状态下可测量的最低值，而实际条件不可能都很理想。我们就多次遇到测量低度蒸溜水或去离子水，具电导率接近电磁流量计规范规定的下限值5×10-6S／cm，使用时却出现输出晃动。通常认为能稳定测量的电导率下限值要向1—2个数量级。

液体电导率可查阅附录或有关手册，缺少现成数据则可取样用电导率仪测定。但有时候也有从管线上取样去实验室测定认为可用，而实际电磁流量计不能工作的情况。这是由于测电导率时的液体与管线内液体已有差别，譬如液体已吸收了大气中C02、生成碳酸或硝酸，改变了电导率。

（5）检查液体与电极材料匹配

电极材料的选择首先考虑它对被测液体的耐腐蚀性，然而选配不妥产生电极表面效应会形成输出晃动等故障。电极表面效应包括电极表面生成钝化膜或氧化膜等绝缘层以及极化现象和电化学等。

钽材料电极：钽电极测量水、碱等非酸液水流量时会形成绝缘层，使仪表失灵或运行一短时期后出现很大噪声。在工艺流程中即使是极短时间钽电极与水或“非酸”液接触，如用清水冲洗管子，亦会影响仪表正常使用。氢氧化钠等碱液亦不能选钽电极。

哈氏合金B材料电极：哈氏合金B对测量温度和浓度不太高的盐酸流量已有若干应用良好的经验。然而浓度超过某值时会产生噪声，应改用钽电极。

（三）零点不稳定检查和采取的措施

1.故障原因

零点不稳定大体上可归纳为五方面故障原因：

（1）管道未充满液体或液体中含有气泡；

（2）主观上认为管系液体无流动而实际上存在微小流动；其实不足电磁流量计故障，而足如实反映流动状况的误解；

（3）传感器按地不完善受杂散电流等外界干扰；

（4）液体方面（如液体电导率均匀性、电极污染等问题）的原因；

（5）信号回路绝缘下降。

2.检查程序

检查程序先全面考虑做初步调查和判断，然后再逐项细致检查和试排除故障。流程所列检查项口顺序的先后原则是：

（1） 可经观察或询问了解毋须较大操作的在前，即先易后难；

（2） 按过去现场检修经验，出现频度较高而今后可能出现概率较高者在前；

（3）检查本身所需的先后要求。若经初步调查确认是后几项故障原因，亦可提前做细致检查。

3.故障检查和采取的措施

（1）管道未充满液体或液体中含有气泡

本类故障主要是管网工程设计不良使传感器的测量管未充满液体或传感器安装不妥所致。可参阅上述“输出晃动检查”中（2） 管道未充满液体或液体中含有气泡”中的措施进行处理。

（2）主观上认为流量传感器内无流动而实际上存在着微量流动。本类故障主要原因是管线的截止阀密闭性差，电磁流量计所检测到的微小泄漏量，误解为零点变动或零点不稳定。阀门使用日久或液体污肌使阀门密闭不全的事例是会经常遇到的，大型阀门尤其如此。另一个常见原因是流量仪表除了上管道外还有若干支管，忘记或忽略这些支管的阀门关闭。

（3）接地不完善受外界干扰影响和接地电位变动影响

管道杂散电流等外界干扰影响主要靠电磁流量计良好的接地保护，通常要求接地电阻小于10Ω，不要和其他电机电器共用接地。有时候环境条件较好，电磁流量计不接地亦能正常工作，但是一旦良好环境不存在，仪表会出现故障，届时再做检查会带来诸多麻烦。

流量传感器附近的电力设备状态的变化（如漏电流增加）形成接地电位变化，从而引起电磁流量计零点变动。

（4）检查液体物理性能

液体电导率变化或不均匀，在静止时会使零点变动，流动时使输出晃动。因此流量计位置应远离注入药液点或管道化学反应段下游，流量传感器最好装在这些场所的上游。

液体若含有固相，或杂质沉积测量管内壁，或在测量管内壁结垢，或电极被油脂等污秽等等，均有可能出现零点变动。因为内壁表面结垢和和电极污秽程度不可能完全样和对称，破坏厂初始调零设定的平衡状况。采取积极措施清除污秽和沉积垢层；若零伙变动不大，也可尝试重新调零。

（5）检查信号线路绝缘

信号回路绝缘下降会形成零点不稳。信号回路绝缘下降的主要原因是电极部位绝缘下降所引起的，但也不能排除信号电缆及其接线端子绝缘下降或损坏。因为有时候现场环境十分严酷，稍一疏忽仪表盖、导线连接处密封不慎，弥漫着潮气酸雾或粉粒尘埃侵入仪表接线盒或连接电缆保护层，使绝缘下降。信号回路绝缘电阻检查分别按连接电缆和流量传感器两部分进行，用兆欧表测试。因信号电缆容易可先做。流量传感器再分两次进行：充满液体测量电极表面接触电阻和空管后测量电极的绝缘电阻。

（6）检查电极接触电阻和电极绝缘电阻

分二步进行。

●充满液体测量电极表面的液体接触电阻。流量传感器卸下信号电缆接线，用万用表分别测量每个电极与接地点之间的电阻值，两电极对地电阻值之差应在10%—20%范围内。

●空管测量电极的绝缘电阻。放空测量管，用干布揩干测量管内表面，待完全干燥后，用H500VDC兆欧表测量各电极与地之间的电阻值，阻值必须在100MΩ以上。

（四）流量测量值与实际值不符的检查和采取的措施

1.故障原因

引起测量流量与实际测量不符的故障原因，大体上可归纳成以下六个方面：

（1）转换器设定值不正确；

（2）传感器安装位置不妥，未满管或液体中含有气泡；

（3）未处理好信号电缆或使用过程中电缆绝缘下降；

（4）传感器下游流动状况不符合要求；

（5）传感器电极间电阻值发生变化或电极的绝缘电阻下降；

（6）所测量管路系统存在未纳入考核的流入或流出值。

2. 流量测量值与实际值比对的参照对象

在检查本身故障现象之前，首先要评估与电磁流量计测量所得流量值比对的实际流量（即各参照对象推导出来的参比流量）的准确性和正确性。人们用作参照流量常从以下3个方面获得：

（1） 从流程系统的物料平衡，即进入系统的量与流出系统的量之间做比对；

（2） 与其他流量测量值之间的比对，如与水池容器的体积或外夹装式超声流量计的流量值相比对；

（3）与历史测量值相比对。

现场工艺运行人员按这些参照对象，根据他们的经验提出流量仪表测量值不准确的看法，仪表工程师要了解和分析运行人员做出判断的依据，过程和数据的精确性，了解过程中必要时需现场勘察，确认其正确后才做下一步检查。

现例举用得较多的夹装式超声流量计做比对参照时，准确性评估中的几点常见失误。

●作流量计算时流通面积未实际测量管段的外径和壁厚，仅按所查得钢管规格表中名义尺寸代入，由于外径和壁厚的允差，带来流通面积的计算误差。例如DN200-DN500无缝热轧钢管流通面积可能相差±（3.4—3.2）%；即使外径用圆周法实测而壁厚未测而用名义尺寸，流通面积也可能相差±（1.25—1）%。

●在现场测量声波传播距离如有（1—2）%误差，即会给流量测量带来（1—2）%的误差。

●没有计入衬里层厚度，旧管锈蚀层或污积层厚度。

又如水厂经常用清水池体积做比对参照，要评估水池面积的准确性。经常发生计算水池面积仅按设计图或竣工图数据，由于竣工图仅按工程要求而未按计量要求丈量，必然会带来误差；还有可能未减去水池中隔墙、管线所占去的体积，以及旁路管线流出及流入的体积。并要确认在试验时间内阀门的密封性等等，均应做复核评估。

3.检查程序

先按流程全面考虑做初步调查和判断，然后再逐项细致检查和试验以排除故障。检查顺序的先后原则是：

（1）可经观察或询问了解而毋须作较大操作的在前，即先易后难；

（2）按过去现场检查修经验，出现频度较高、今后出现概率较高者在前；

（3）检查本身的先后要求。若经初步调查确认是后几项故障原因，亦可提前做细致检查。

4.故障原因检查和采取的措施

（1）复核转换器设定值和检查零点、满度值

首先检查相配套传感器和转换器的编号是否对号。当大部分电磁流量计在制造厂实流校准后在传感器名牌（或／和随表附《使用说明书》）标明校准的仪表常数，并在所配套的转换器内设定好。因此新安装内仪表调试前首先要复核仪表常数，或者传感器编号和转换器编号是否配对。因为这类失配的事件经常发生，还需复核口径、量程和计量单位等设定值。用模拟信号器（通常要按所用电磁流量计型号向制造厂订购）检查转换器零点和量程。

（2）检查管道充液状况和含有气泡

本类故障主要是管网工程设计不良或相关设备不完善所引起的，可参阅“输出晃动检查和采取的措施”中（2）管道未充满液体或液体含有气泡”一节。

（3）检查信号连接电缆系统

检查连接电缆匹配是否适当？连接是否正确？绝缘是否下降？

通常人们检查电磁流量计测量流量不符的故障原因，往往忽视连接传感器和转换器之间的电缆系统，而从制造厂去现场服务调试或检查过程的故障事例中，实际上出现连接电缆故障的原因频率颇高。例如经常遇到以下事例：

●将生产企业所附配的整根电缆割断后重新连接，使用一阶段后连接处吸入潮气，致使绝缘下降；

●信号连接线末端未处理好，内屏蔽层、外屏蔽层和信号芯相互间有短接，或与外壳短接；

●不用规定型号（或所附配）的连接电缆；

●连接电缆长度超过受液体电导率制约的长度上限；

●液体电导率较低而传感器和转换器相距较远，未按规定用驱动屏蔽电缆，有些型号的仪表连接电缆长度超过30m，电导率低于10-4S / cm时就需用2芯双重屏蔽的驱动屏蔽层。上述5种事例中3＞ ~ 5＞只会出现在初装调试期，2＞也较多出现于初装调试期。

（4）检查传感器上游流动状况，检查传感器测量管道内壁状况

传感器上游流动状况常因受安装空间限制，偏离规定要求，如接近产生扰流的阻流元件而无足够长度的直管段，这些会引入影响测量准确的因素。特别是接近传感器上游设置调节阀或非全开的闸阀，能完满解决的唯一办法是改变传感器的安装位置；而在上游直管段长度不足的情况下，安装流动调整阀也只能作部分改善。

如果测量内壁存在淤积层或管壁被磨损，从而改变流通面积，影响测量值。这类故障只有在运行一段时期后才会出现，流量传感器上游流动状况偏离要求的原因绝大部分是工程设计将传感器安装在不适当位置所致；但也发生过工程设计的安装情况良好，在运行一段时间后，却出现较大误差，按常识判断为流动状况不佳，似乎是不可能的，但也确实发生过。

（5）检测电极与液体间接触电阻和电极绝缘

电极与液体接触电阻值主要取决于接触面积和液体电导率。

用万用表在充满液体时测量电极接触电阻，虽然只能确定大体的值，却是判断管壁状况较方便的方法。准确的测量则必须用交流电桥，如“Kohlraush电桥”等进行测量。电磁流量传感器的电极接触电阻最好在新装仪表调试时即测量并记录在案，以后每次维护时均作测量（分析比较测得各次电阻值，必须是用同一型号万用表，同一测量档的测量值），分析比较将有助于今后判断仪表故障，省却从管道上卸下流量传感器进行检查的麻烦。

如所测电极接触电阻值比以前增加，说明电极表面被绝缘层覆盖或部分覆盖；如比以前电阻值减少，说明电极和衬里表面附着导电沉积层。

通常要求电极绝缘电阻大于100MΩ，若检查结果确实是绝缘破坏只能调换传感器。检查电极绝缘的方法是先卸下流量传感器，放空液体，用布擦干衬里内表面，不留液（水）渍，干燥之。然后用500VDC兆欧表，分别测试两电极对地电阻。然而绝缘下降的原因，往往是地接线柱等浸水受潮所致，有时候用热吹风排除潮气即可恢复绝缘。

（6）检查有否未纳入考核的歧管流出或流入

当流程工艺人员发现测量流量与参照量有较大差别时，分析各种原因常聚焦于流量仪表方面而忽略测量管道支管流出与流入的原因。工艺操作人员与去现场服务仪表工程师讨论时，常常有把握地说无支管流出或流入。然而现场服务经验表明，做了全面检查并排除其他各种故障可能性后，最后常是有支管流出或流入导致测量流量与所谓“实际测量”不符，这种实例不是个别的。因此有否支管亦应作为一个方面进行检查。例如检查在作为参照量（如超声流量计、容器和水池等）测量点与电磁流量计之间的管道有否支管，阀门是否紧闭，此外也应检查容器或水池是否连有其他流出流入。

（五）输出信号超满度值检查和采取的措施

1.故障原因

输出信号超满度值的故障原因来自4个方面，即：传感器方面、连接电缆方面、转换器方面、连接于转换器输出的后位仪表方面。每个方面又各有多种原因，其主要如下所列：

（1）传感器方面——电极间无液体连通，从液体引入电干扰；

（2）连接电缆方面——电缆断开，接线错误；

（3）转换器方面——与传感器配套错误，设定错误；

（4）后位仪表方面——未电隔离，设定错误。

2.检查程序

检查首先是判别故障原因来自转换器之前（即流量信号上游）还是在转换器以及其后之后位仪表，然后全面考虑做初步调查和判断，再逐项细致检查和试验以排除故障。检查项目顺序的先后原则是：

（1）区别故障原因在转换器之前还是在转换器及其后之下位仪表

故障在转换器之前，即在传感器和传感器 / 转换器之间的信号电缆（一体型电磁流量计信号连接线，在仪表内部，一般极少出现故障）；之后即在传感器本身及其后积算器或流量计算机等下位仪表。

先在管系和流量传感器内通水，静止无流动状态下将转换器两信号端子和功能地或保护地端子短路，观察转换器输出信号是否到零。若能到零，则可初步判断故障在转换之前而不在转换器本身及后位仪表，下一步可先重点检查连接电缆和传感器；若不能到零，则检查重点应在转换器和后位仪表。

（2）确认信号电缆完好性和两电极场与液体充分接触

若信号回路断开，输出信号将超满度值，因此本检查项目主要是核实流量信号回路完整通畅。信号回路包括电缆及其连接端子，流量传感器一对电极和电极间液体。除检查电路通断外，还应核实电缆型号，各接点的连接正确性，绝缘是否达到要求等。流量传感器电极未接触到液体（两电极均未接触到液体或一只电极未接触到），同样也断开了信号电缆，必须将流量传感器改装到能充满液体位置等排除电极与液体未接触的原因。

（3）复核转换器设定值的正确性，核查零点和满点

分离型电磁流量计出厂时，一般转换器和传感器按合同规定口径及流量及设定参数实流校准，传感器和转换器必须一一对应。因此，先检查配套是否正确，再检查转换器仪表常数和各参数是否符合。然后再用模拟信号器复查零点。一体型仪表毋需检查本项。

（4）检查下（后）位仪表

电磁流量转换器输出流量信号传送给流量积算器，流量计算机等下位仪表。若后位仪表带电连接（即有源负载），负载上电源反馈损坏转换器输出电路，出现输信号超满度值现象，对此必须要采取电隔离措施。

转换器输出回路有允许接地和不允许接地两种类型。若是允许接地者，输出仍超过满度值，转换器有故障；若是不允许接地者误接地，只要去除接地就可运行。

（5）检查转换器本身

转换器本身故障引起输出信号超满度值的原因较为复杂，它可由转换器内各单元线路中某一环节引起的，因类型（模拟式或数字式）而有较大差别。对于一般使用单位；可利用当前电磁流量计线路板分成可互换相互独立的单元，采取试换备用线路板（或临时借用同型号其他运行正常仪表的线路板）以替代法检查判别。

先检查输入／输出电路。按模拟电路转换器或数字电路转换器两种类型各自特点上，着重检查几个环节，对模拟电路转换器应从反馈回路是否开路，输出回路有否损坏为主；对数字电路转换器应从AD转换电路和输出回路分析为主要检查环节。

然后检查转换器其他电路。

四、电磁流量计专项检测

1.电极接触电阻测量

测量电极的液体接触电阻值，可以不从管道卸下流量传感器而间接估计电极和衬里层表面大体状况，有助于分析故障原因。这尤其对于大口径电磁流量计的检查带来极大方便。估计流量传感器测量管内表面状况如电极和衬里层是否有沉积层，沉积层是导电性质的还是绝缘性质的，电极表面污染状况等。

电磁流量传感器的电极接触电阻应在新装仪表调试好后立即测量并纪录在案，以后每维护一次测量一次，分析比较这些数据将有助于今后判断仪表故障原因。

电极与液体接触的电阻值主要取决于电极与液体接触表面面积和被测液体电导率。一般结构的电极，在测量电导率为5×10−6S／cm的蒸馏水时电阻值为

350kΩ，电导率150×10-6S／cm的生活和工业用水约为15kΩ。

用万用表在充满液体时分别测量每个电极端子与地之间的电阻，经验表明两电极的接触电阻值之差应小于10%－20%，否则就说明有故障。用万用表测量电极接触电阻不是准确测量电阻值的方法，只是确定大体的值。准确的测量必须用交流电桥，如“Kohlraush电桥”等。

（1）测出的电极对地电阻与原测量值比较有以下不同趋向：

●两电极阻不平衡值增加（即差值增加）；

●电阻值增加；

●电阻值减少。

（2）以上三种迹象可分别判断以下几种可能故障原因：

●电极部位有一只电极绝缘电阻有较大下降；

●电极表面被绝缘层覆盖；

●电极表面和衬里表面附着导电沉积层；

●以上几种故障可能性，亦可作为预测产生故障的前兆。

（3）用万用表测量时注意以下各点：

●电阻值应在测棒接触端子的瞬间读取指针偏传最大值，测量值应以最初一次所得为准。如重新测量因极化作用所测各值足不一致的；

●测两电极阻值时，接地端测棒极性必须相同，即用电表同一根测棒，正极棒接电极，负极棒接地；

●测量要用同一型号万用表，并用同一量程，常用1.5V电池工作范围的测量档，如：×lkΩ档。

2.电极的极化电压

测量电极与液体间极化电压将有助于判断零点不稳或输出晃动的故障是否由于电极被污染或覆盖所引起的。

用数字式万用表2V直流档，分别测两电极与地之间的极化电压（电磁流量计可以不停电时测，也可停电时测）。如果两次测量值接近几乎相等，说明电极未被污染或被覆盖，否则说明电极被污染或被覆盖。极化电压大小决定于电极材料的“电极电位”和液体的性质，测量值可能在几mV至几百mV之间。

因为实际上运行中两电极被污染情况不可能完全相同对称，于是两电极上的电压形成了不对称的共模电压。不对称的共模电压就成为差模信号，造成零点偏移。

3.信号连接电缆干扰的测定

信号连接电缆受外界静电感应和电磁感应干扰会使电磁流量计零点变动。为判断零点变动是否由于受信号连接电缆干扰电势影响，需测定干扰大体范围和对电磁流量计的影响程度。

按上述“电极接触电阻的测量”所测得两电极的大体接触电阻值RA、RR分别接入电路，所测得零点之差应在满度值1%或其基本误差范围以内。

测定时应注意以下各点：

（1） 应注意接入RA和RB勿受电源干扰等所感应；

（2） 测定时转换器零点与原接线器测量时相比可能有少许变动（通常为上升），通常认为变动量不超过前次数据5%左右就可以了；

（3）测定时传感器周围环境尽可能与发生故障时一样，如附近电机能作电源通断试验就更好了。

（4）测定有无接地电位

电磁流量计在正常使用过程中，如传感器附近电（力）机状态变化（如漏电），接地电位会产生变化而引起零点变动。检查是否有这方面影响，可将转换器工作接地C端子与保护接地G端子短路，以零点（或指示值）变动判断有否接地电位。若零点变动超过容许值时，应与制造厂联系，采取必要的措施。

但是这也不一定能下结论：“没有零点（或指示）变动就没有接地电位”。

（5）管道杂散电流流向判别

有时侯为寻找管道杂散的干扰源在流量传感器上游还是在下游，以缩小搜索范围，设法减小或消除杂散电流干扰影响。

附录A 国家计量检定规程 JJG225－2001《热量表》

JJG

中华人民共和国国家计量检定规程

JJG 225—2001

热 量 表

Heat Meters

国家质量技术监督局 发布

归口单位: 全国流量、容量计量技术委员会

主要起草单位：中国计量科学研究院
参加起草单位：北京市计量测试所
辽宁省计量测试所
山东省计量测试所
大庆联谊伟华高科技有限公司
广州柏诚智能科技有限公司
清华同方有限公司

本规程委托全国流量、容量计量技术委员会解释

本规程主要起草人：王东伟、邱萍（中国计量科学研究院）
本规程参加起草人：翟秀贞（中国计量科学研究院）
张立谦（北京市计量测试所）
臧立新（辽宁省计量测试所）
谷祖康（山东省计量测试所）
何绍文（大庆联谊伟华高科技有限公司）
谭文胜（广州柏诚智能科技有限公司）
吕瑞峰（清华同方有限公司）

目录

1 范围

本规程适用于热量表的首次检定、后续检定、使用中检验、定型鉴定及样机试验。

用于计量所吸收热量的热量表的检定，可参考本规程。

2 引用文献

本规程引用下列文献

OIML R75–1999 热量表（草案）

EN1434–1997 热量表

JJF1002–1998 国家计量检定规程编写规则

4. GB2423–1989 电工电子产品基本环境试验

5. GB6587–1986 电子测量仪器环境试验

6. GB/T17626–1998 电磁兼容试验和测量技术

7. GB/T8622–1997 工业铂电阻温度传感器

8. GB/T778.3–1996 冷水水表 第3部分：试验方法和试验设备

使用本规程时应注意使用上述引用文献的现行有效版本。

3 术语与定义

3.1热量表Heat meter

用于测量及显示热交换回路中载热液体所释放的热量的计量器具。热量表用法定计量单位显示热量。

3.1.1组合式热量表Combined heat meter

由独立的流量传感器、配对温度传感器和计算器组合而成的热量表。

3.1.2一体式热量表Complete heat meter

由流量传感器、配对温度传感器和计算器组成，而组成后全部或部分不可分开的热量表。

3.2 热量表的组成部件 Sub–assemblies of a heat meter

3.2.1 流量传感器 Flow sensor

在热交换回路中用于产生载热液体的流量信号，该信号是载热液体体积或质量的函数，也可是体积流量或质量流量的函数。

3.2.2配对温度传感器Temperature sensor pair

在热交换回路中用于同时采集载热液体在入口和出口的温度信号。

3.2.3计算器Calculator

用于接收流量传感器和配对温度传感器的信号，并进行计算、累积、存储和显示热交换回路中释放的热量。

3.3 标称运行条件 Rated operating conditions

3.3.1温度范围限Limits of temperature range

3.3.1.1温度范围上限 θ_{max} θ_{max} is the upper limit of the temperature range

流经热量表的载热液体的最高允许温度，在此温度下热量表不超过最大允许误差。

3.3.1.2温度范围下限 θ_{min} θ_{min} is the lower limit of the temperature range

流经热量表的载热液体的最低允许温度，在此温度下热量表不超过最大允许误差。

3.3.2温差限Limits of temperature difference

3.3.2.1温差 $\Delta\theta$ $\Delta\theta$ is the temperature difference

热交换回路中载热液体入口温度和出口温度之差。

3.3.2.2温差上限 $\Delta\theta_{max}$ $\Delta\theta_{max}$ is the upper limit of the temperature difference

最大允许温差，在此温差下且在热功率上限值内，热量表不超过最大允许误差。

3.3.2.3温差下限 $\Delta\theta_{min}$ $\Delta\theta_{min}$ is the lower limit of the temperature difference

最小允许温差，在此温差下，热量表不超过最大允许误差。

3.3.3流量限Limit of flow-rate

3.3.3.1流量上限 q_s q_s is the upper limit of the flow-rate

热量表不超过最大允许误差能够短期运行（＜1小时/天及＜200小时/年）的最大流量。

3.3.3.2常用流量（额定流量）q_p q_p is the permanent flow-rate

热量表在不超过最大允许误差下可连续运行的最大流量。

3.3.3.3最小流量qi qi is the lower limit of the flow-rate

热量表在不超过最大允许误差下运行的最小流量。

3.3.4热功率限Ps Ps is the upper limit of the thermal power

热量表在不超过最大允许误差下运行的最大热功率。

3.3.5最大允许工作压力Maximum admissible working pressure（MAP）

热量表在上限温度下运行可持久承受的最大压力。

3.3.6最大压损△P △P is maximum pressure loss

热量表在常用流量下运行时，载热液体流过热量表所产生的压力损失。

3.3.7最大允许误差Maximum permissible error（MPE）

热量表所允许误差的极限值。

3.4分量检定

将组成热量表的流量传感器的参数、温度传感器的参数和积算仪的参数视为热量的分量，按照分量或分量组合分别检定的方法称为分量检定。

3.5总量检定

对热量表的热量值直接进行检定的方法称为总量检定。

4 概述

4.1工作原理

热量表的工作原理是：将配对温度传感器分别安装在热交换回路的入口和出口的管道上，将流量传感器安装在入口或出口管上。流量传感器发出流量信号，配对温度传感器给出入口和出口的温度信号，计算器采集流量信号和温度信号，经过计算，显示出载热液体从入口至出口所释放的热量值。

4.2结构

热量表主要由流量传感器、配对温度传感器和计算器组成。

热量表按结构类型一般可分为一体式热量表和组合式热量表。

4.3热量的计算公式

热量的计算公式有下面两种形式

$Q=\int_0^t q_m \cdot h \cdot dt$ ……………………………（1）

式中：　　Q——释放的热量[kJ]

q_m——流经热量表中载热液体的质量流量[kg/s]

△h——热交换回路中入口温度与出口温度对应的载热液体的比焓值差　[kJ/kg]，水的焓值密度表见附录2。

t———时间[s]

$Q=\int_0^v k\cdot\Delta\theta\cdot dV$ ……………………………（2）

式中：Q——释放的热量[J]或[kWh]

V——载热液体流过的体积[m^3]

△θ——热交换回路中载热液体入口处和出口处的温差[℃]

k——热系数，它是载热液体在相应温度、温差和压力下的函数[J/m³° C]或[kWh/m³° C]，水的热系数k值见附录3。

注1：查热系数表时，允许线性内插。

注2：式中的体积计量位置是在热交换回路的出口处，否则，应进行密度修正。

注3：附录3热系数k值的计算公式来源于欧洲标准EN1434《热量表》

5 计量性能要求

5.1流量传感器的密封性和强度

应能承受密封性和水压强度试验，无泄漏，渗漏或损坏。

5.2热量表的准确度等级

5.2.1按总量检定时，准确度等级及最大允许相对误差E列在表1中。

表1

1级	2级	3级
$E=\pm\left(2+4\frac{\Delta\theta_{\min}}{\Delta\theta}+0.01\frac{q_p}{q}\right)\%$ $Eq=\pm\left(1+0.01\frac{q_p}{q}\right)\%$ 且≤±5%	$E=\pm\left(3+4\frac{\Delta\theta_{\min}}{\Delta\theta}+0.02\frac{q_p}{q}\right)\%$	$E=\pm\left(4+4\frac{\Delta\theta \min}{\Delta\theta}+0.05\frac{q_p}{q}\right)\%$

注：对1级表$q_p \geqslant 100m^3/h$

5.2.2按分量检定时，各分量的准确度等级及最大允许相对误差E列在表2中

表2

	流量传感器误差限Eq	配对温度传感器误差	计算器误差限EG
1级	$\pm\left(1+0.01\frac{q_p}{q}\right)\%$ 且≤±5%	配对温度传感器的温差误差限Eθ应满足： $\pm\left(0.5+3\frac{\Delta\theta_{min}}{\Delta\theta}\right)\%$ 对单支温度传感器温度误差应满足： ±（0.30+0.005|θ|）℃	$\pm\left(0.5+\frac{\Delta\theta_{min}}{\Delta\theta}\right)\%$
2级	$\pm\left(2+0.02\frac{q_p}{q}\right)\%$ 且≤±5%		
3级	$\pm\left(3+0.05\frac{q_p}{q}\right)\%$ 且≤±5%		

注：对1级表$q_p \geqslant 100m^3/h$

5.3使用中热量表的误差限为上述误差限的2倍（即最大允许误差的2倍）

5.4非叶轮式的流量传感器的重复性E_r

非叶轮式的流量传感器的重复性应不大于最大允许误差的一半。

注：对于叶轮式的流量传感器，可以不做重复性。

5.5热量表的温差下限$\Delta\theta_{min}$一般为3℃

5.6流量传感器的最大压降△P不应超过25kPa

6 通用技术要求

6.1热量表外壳应涂层均匀，无裂纹、毛刺等表面缺陷，壳体应能防水、尘侵入，并用箭头标出载热液体流动的方向。

6.2热量表应有铭牌，铭牌上应注明：厂名或注册商标、口径、型号与编号、CMC标志、q的测量范围、θ的测量范围、△θ的测量范围、最大允许工作压力、准确度等级、环境等级、制造年月、安装位置（管道入口或出口）、水平安装或垂直安装（如有必要）。

注：环境等级为

A级环境（户内安装）

环境温度为+5℃～+55℃；通常湿度；通常的电气和电磁状态。

B级环境（户外安装）

环境温度为-25℃～+55℃；通常湿度；通常的电气和电磁环境；低机械

状态。

6.3新制造的热量表应具有产品合格证及使用说明书。使用中和修理后的热量表还应具有检定合格证书。

6.4热量表显示要求

6.4.1热量表应至少能显示热量，累积流量，载热液体入口温度和出口温度。热量的显示单位用J或Wh或其十进制倍数。累积流量的显示单位用m3。温度的显示单位用℃。显示单位应标在不宜混淆的地方。

6.4.2热量表应在最大热功率下持续3000小时而不超量程地显示热量，并在最大热功率下工作1小时而热量显示的最小位数至少步进一位。

6.4.3显示数字的可见高度不应小于4mm。

6.4.4显示分辨率

6.4.4.1使用时显示分辨率

热量：1kWh或1MJ；累积流量：0.01m^3；温度：0.1℃.

6.4.4.2检定时显示分辨率

对于DN15和DN20的热量表，热量：一般为0.001kWh或0.001MJ；累积流量：一般为0.00001m^3；温度：0.1℃

注1：达不到上述要求的热量表应设计有接口并配有接线，检定时可以使分辨率提高至上述要求。

注2：对于其他口径的热量表，热量和累积流量的显示分辨率应满足检定分辨率的要求。

6.4.5热量表通载热液体，平稳地运行几分钟后应进入正常运行，当载热液体不流时，热量显示值应不变。

6.5影响热量表计量的可拆部件应有可靠的封印，封印必须是有效的。

6.6热量表的材料与结构

构成热量表的所有部件应有坚固的结构，在规定的温度条件下，与载热液体接触的热量表的材料应具有相应的机械强度和足够的耐磨强度，并能正常工作。热量表中，凡与载热液体接触的部件、材料应能耐载热液体和大气的腐蚀或有可靠的防腐层。

7 计量器具控制

7.1首次检定、后续检定、使用中检验

检定结果应符合第5、6条的规定。

7.2检定条件

7.2.1主要检定设备

主要检定设备列于表3中，恒温槽的温场要求列于表4中。

表3

总量检定	分量检定		
	流量传感器	配对温度传感器	计算器
热水流量标准装置 耐压试验设备 恒温槽 二等标准铂电阻温度计	热水流量标准装置 耐压试验设备	恒温槽 二等标准铂电阻温度计	信号发生器 标准电阻箱

表4

名称	测量范围℃	工作区域最大温差℃	工作区域水平温场℃
恒温水槽	1~95	0.02	0.01
恒温油槽	90~200	0.03	0.015

7.2.2热水流量标准装置的扩展不确定度（k=2）应小于等于热量表最大允许误差的三分之一，标准电阻箱的扩展不确定度（k=2）应小于等于热量表最大允许误差的五分之一。也可采用标准热量表作为标准，标准热量表的扩展不确定度（k=2）应小于等于热量表最大允许误差的三分之一。标准热量表应在热水装置上检定。对于其他原理的标准器，如果其不确定度能够满足要求，也可以使用。

7.2.3热量标准装置应具有测量压力损失的功能

7.2.4环境及外部要求

大气温度一般为（15 ~ 35）℃；

大气相对湿度一般为（15 ~ 85）%；

大气压力一般为（86 ~ 106）kPa；

供电电源：电源电压为187V~242V；电源频率为（50 ± 1）Hz；

外界磁场干扰应小到对热量表的影响可忽略不计。

7.2.5被检热量表实验前在实验室存放不少于2小时。

7.3检定项目

热量表的检定项目列于表5中

表5

序号	检定项目	检定类别		
		首次检定	后续检定	使用中检验
1	外观检查	+	+	+
2	运行检查	+	+	+
3	密封性检查	+	+	
4	最大允许误差试验	+	+	+
5	重复性试验	+	+	

注：+——表示应检定

7.4检定要求

7.4.1总量检定法

按总量检定的热量表应至少在以下三种情况下进行检定。在每一种情况下，选择给定范围内的一温差、一流量点并在（50±5）℃的水温下进行检定。

1）$\Delta\theta_{min}\leqslant\Delta\theta\leqslant1.2\Delta\theta_{min}$和$0.9q_p\leqslant q\leqslant q_p$

2）$10\leqslant\Delta\theta\leqslant20$和$0.2q_p\leqslant q\leqslant0.22q_p$；

3）$\Delta\theta_{max}-5\leqslant\Delta\theta\leqslant\Delta\theta_{max}$和$q_i\leqslant q\leqslant1.1q_i$

7.4.2分量检定法

7.4.2.1流量传感器

检定流量传感器时，应在下列每个流量范围内选一流量点并在（50±5）℃的水温下进行检定

1）$q_i\leqslant q\leqslant1.1q_i$

2）$0.1qP\leqslant q\leqslant0.11qP$

$0.9q_P\leqslant q\leqslant1.0q_P$

如果提供了型式批准证书及可说明室温下和（50±5）℃下流量传感器的对比性能的试验报告，可在室温下进行检定。

7.4.2.2配对温度传感器

配对温度传感器的每个温度传感器，应在同一个恒温槽内，在下列的每个温度范围内选一温度点进行检定

1）θ_{min}~（θ_{min}+10℃）（当θ_{min}<20℃时）或 （35~45）℃（当$\theta_{min}\geqslant$20℃时）

2） （45~55）℃（常温型）或（75~85）℃（高温型）

3）（θ_{max}−5℃）~θ_{max}

配对温度传感器的两个温度传感器，应在温度不同的两个恒温槽内，在下列的每个温差范围内选一温差点进行检定

1）$\Delta\theta_{min} \leqslant \Delta\theta \leqslant 1.2\Delta\theta_{min}$

2）$10℃ \leqslant \Delta\theta \leqslant 20℃$

3）$(\Delta\theta_{max} - 5℃) \leqslant \Delta\theta \leqslant \Delta\theta_{max}$

注1：做温差试验时，高温端温度应在（θ_{max} −5℃）~ θ_{max}范围内

注2：$\Delta\theta_{min}$一般为3℃

7.4.2.3计算器

计算器必须在表6中给定的模拟温度及温差下检定

表6

	温度(℃)	温差(℃)
1	$\theta_{min} \leqslant \theta_d \leqslant \theta_{min} + 5$	$\triangle\theta_{min}$, 5,20, $\triangle\theta_{ref}$
2	$\theta_d = \theta_{ref} \pm 5$	$\triangle\theta_{min}$, 5,20,
3	$\theta_{max} - 5 \leqslant \theta_e \leqslant \theta_{max}$	20, $\triangle\theta_{ref}$, $\triangle\theta_{max} - 5$

注1：θ_d为出口温度；θ_e为入口温度；

$$\theta_{ref} = \frac{\theta_{min} + \theta_{max}}{2};$$

$$\Delta\theta_{ref} = \frac{20 + \Delta\theta_{max}}{2}$$

注2：模拟流量信号应不超过计算器可接收的最大值。

7.4.3计算公式

7.4.3.1热量相对误差Ei与EQ计算公式

$$E_i = \frac{Q_{di} - Q_{ci}}{Q_{ci}} \times 100\% \quad (3)$$

$$E_Q = (E_i)_{max} \quad (4)$$

式中Q_{di}、Q_{ci}——分别表示第i点指示值与约定真值；

7.4.3.2重复性Er计算公式

$$E_j = \frac{V_{dj} - V_{cj}}{V_{cj}} \times 100\% \quad (5)$$

式中，V_{dj}和V_{cj}——分别表示在流量q_p下流量传感器第j次（j=1，2，3）检定的体积示值和约定真值

$E_{max}=(E_j)_{max}$ ……………………………………………………（6）

$E_{min}=(E_j)_{min}$ ……………………………………………………（7）

$E_r=E_{max}-E_{min}$ ……………………………………………………（8）

7.5检定方法

7.5.1外观检查

用目测法检查热量表的外观及文件，其结果应符合第6条的规定。

7.5.2运行检查

将热量表安装在热量标准装置上，通水几分钟后，目测法检查，然后切断水流，再目测检查，其结果应符合第6.4条的有关规定。

7.5.3密封性试验

将热量表安装在热量标准装置上，通温度为（60±10）℃的热水五分钟以上，同时将压力调节为该装置的公称压力，然后关闭出水阀，10分钟后用目测法检查。其结果应符合5.1条的有关要求。

7.5.4热量表的分量检定（以质量法流量标准装置为例）

7.5.4.1流量传感器

1）检定时水温与流量点按第7.4.1.1条的规定。

2）每个流量点一般检定1次，如果第一次的E大于最大允许误差，允许再补做2次，以3项试验的算术平均值做为流量传感器的示值。

3）将流量传感器安装到装置上，通水使其平衡地运行一段时间。

4）用流量调节阀将流量调到第i个流量点，并将水温调到检定温度范围，稳定运行10分钟；记录流量传感器初始值V_{0i}和秤初始值m_{0i}，起动换向器，切换水流，使水流注入称量容器。当秤的示值达到预先规定的值时，切换水流，记录流量传感器的终止值V_{1i}、水温T_{1i}与室温，待容器内水面波动稳定后，记录秤终止值m_{1i}，。

5）计算流过流量传感器的体积量V_{ci}

$$V_{ci}=\frac{M_i}{\rho_i}\cdot C_f \quad \cdots\cdots（9）$$

$M_i=m_{1i}-m_{oi}$ ……………………………………………………（10）

$$C_f = \frac{\rho_i(\rho_b - \rho_a)}{\rho_b(\rho_i - \rho_a)} \cdots\cdots (11)$$

式中：M_i——第i检定点检定时载热液体的质量kg

ρ_i——第i检定点检定时载热液体的密度kg/m³（可查表）

C_{fi}——第i检定点检定时的浮力修正系数

ρ_b——所用砝码的密度kg/m³

ρ_a——空气密度kg/m³

6）流量传感器各流量点示值误差按式（12）计算

$$E_i = \frac{V_{di} - V_{ci}}{V_{ci}} \times 100\% \cdots\cdots (12)$$

$V_{di}=V_{1i}—V_{0i}$ ……（13）

7）重复第4）步骤，调节流量，直到完成全部流量点检定。

8）流量传感器的示值误差按式（14）计算

$E_V=(E_i)_{max}$ ……（14）

9）流量传感器的示值重复性按式（8）计算

10）检定结果应符合表2的要求

7.5.4.2温度传感器

1）检定点根据7.4.1.2的要求选取。

2）检定时温度传感器应插入恒温水槽或油槽的工作区域内，浸没深度为300mm，稳定15分钟。检定前后水槽或油槽内温度变化不应超过0.1° C。

3）对单支传感器的检定是在同一恒温槽内进行，将恒温槽的温度控制在检定点温度，每个点至少读两个循环，一个读数循环为：标准铂电阻温度计→传感器1→传感器2→标准铂电阻温度计；对配对温度传感器温差的检定是在两台恒温槽内进行，按温差检定点的要求控制其温度，每个温差点至少读两个过程，一个读数过程为：标准铂电阻温度计1→传感器1→标准铂电阻温度计2→传感器2。

4）误差计算方法，对单支温度传感器的检定，取被检传感器显示温度的算术平均值与标准器对应温度值的算术平均值之差作为传感器的误差；对配对温度传感器温差的检定，取两次被检传感器显示温度之差的算术平均值与两次标准器对应温度差的算术平均值之差作为配对温度传感器温差的误差。

5）单支温度传感器和配对温度传感器的误差应符合表2的要求。

7.5.4.3计算器

采用标准脉冲发生器和标准电阻箱提供模拟流量和温度信号，检定点按表6进行设置，每个检定点至少检定两次。计算器的示值误差 E 按式（3）及式（4）计算，其中 Q_{ci} 为理论计算值。检定结果应符合5.2.2表2中E_G的要求。

7.5.5热量表的总量检定

7.5.5.1检定时载热液体的温度、进口与出口温差与流量点按7.4.1条要求

7.5.5.2检定次数同7.5.4.1 2）

7.5.5.3当选用质量法流量标准装置时，将热量表安装到质量法热量标准装置上，通水使其平衡地运行一段时间。

7.5.5.4用流量调节阀将流量调到第 i 个点，并将载热液体的温度调到检定温度值，通过恒温槽，将温差调到规定值，稳定10分钟，秤出m0i，m1i；记录热量表的读数Q0i，Q1i，水温与室温。

7.5.5.5实际热量Qci和热量表显示热量Qdi分别按式（15）和式（16）计算

$Q_{ci}=(m_{1i}-m_{0i})\times(h_{1i}-h_{0i})$ ……………………………………………（15）

h_{1i}、h_{0i}——分别表示载热液体在高温恒温槽的温度下的比焓值与设定的低温恒温槽的温度下的比焓值。

$Q_{di}=Q_{1i}-Q_{0i}$ ……………………………………………………………（16）

7.5.5.6热量表第 i 检定点的示值误差Ei 按式（3）式计算。

7.5.5.7重复7.5.5.4至7.5.5.6，将流量、温度、温差调到其他点，完成全部检定。

7.5.5.8热量表的示值误差E按式（4）计算。

7.5.5.9检定结果应符合表1的规定。

7.5.6重复性检定

7.5.6.1流量点选择与测量次数

选择q_p流量点，在（50±5）℃下重复测量3次。

7.5.6.2按公式（8）计算其重复性Er

7.6检定结果处理

7.6.1热量表示值误差E符合本规程5.2条和5.4条要求时，热量表或流量传感器

示值合格。

7.6.2当检定重复性Er符合5.4条规定时，热量表或流量传感器的重复性合格。

7.6.3如果某个流量点的E大于最大允许误差时，允许再补做2次，当3次的误差的算术平均值小于最大允许误差，并且后面2次误差都小于最大允许误差时，该点的示值误差判为合格。

7.6.4经检定，符合本规程规定的热量表判为合格，应签发检定证书。

7.6.5使用中表的示值误差E检定

根据5.3条，E不大于最大允许误差的2倍时，判为合格。

7.6.6经检定不合格的表应签发检定结果通知书。

7.7热量表的检定周期最长不得超过3年。

附录1 定型鉴定项目及试验方法

定型鉴定项目除按照首次检定的要求试验（参见规程正文第7.3条）之外，还应对本附录所规定的项目进行试验。

1 试验项目

本附录所涉及的全部试验项目列于表1。

表1 热量表及其组件的试验程序

序号	试验项目	温度传感器	流量传感器	计算器
1	最大允许误差	√	√	√
2	耐久性		√	
3	干热试验	√	√ ☆	√
4	低温储存	√	√ ☆	√
5	低温试验			√
6	湿热储存	√	√ ☆	√
7	电源电压变化		√	√
8	电源频率变化		√	√
9	电源中断		√ ☆	√
10	电快速瞬变		√ ☆◇	√ ◇
11	电浪涌		√ ☆◇	√ ◇
12	电磁场		√ ☆◇	√ ◇
13	静电放电		√ ☆	√
14	静态磁场		√	√
15	工频电磁场		√ ☆	√
16	耐压强度		√	
17	压损试验		√	

√ —应进行试验

☆ —只适用于带有电子设备的流量传感器

◇ —试验应在电缆已经连接好的情况下进行

2 最大允许误差试验

应该在水温为室温、（50±5）℃、（85±5）℃及规定的流量下进行，流量点选择应按下列要求：

$q_i \leqslant q \leqslant 1.1q_i$

$0.1q_P \leqslant q \leqslant 0.11q_P$

$0.3q_P \leqslant q \leqslant 0.31q_P$

$0.9q_P \leqslant q \leqslant 1.0q_P$

$0.9q_s \leqslant q \leqslant 1.0q_s$

在高温储存、低温储存和湿热储存实验全部完成后，应对最大允许误差试验进行抽查，抽查实验应在（50±5）℃以及至少包含下列2个流量点的条件下进行：

$0.1q_p \leqslant q \leqslant 0.11q_p$

$0.9q_p \leqslant q \leqslant 1.0q_p$

3 耐久性试验

用加速磨损试验来确定热量表的耐久性。

3.1流量传感器

在流量为q_s，并处于流量传感器需要承受的载热流体的温度上限时，试验持续时间应为300小时。在耐久性试验之后，应该在（50±5）℃及按规程正文第7.4.1.1条所规定的流量下，进行最大允许误差试验，结果应符合规程正文第5.2条的要求。（如果θ_{max}<50℃，则在（$\theta_{max}{}^{0}_{-5}$）℃下进行）

3.2温度传感器

温度传感器应缓慢（1分钟至3分钟）插入已达上限温度的实验装置中，并在该温度下保持足够的时间，以达到热平衡。缓慢（1分钟至3分钟）从上限温度的实验装置中取出，在室温停留一段时间，然后再将温度传感器缓慢（1分钟至3分钟）插入已达下限温度的实验装置中，并在该温度下保持足够的时间，以达到热平衡。最后缓慢（1分钟至3分钟）从下限温度的实验装置中取出。这一过程应重复10次。

在温度循环之后，作为一个组件的温度传感器的电阻应在以下条件下进行试验。

传感器金属壳和连在传感器上的每个导体间的绝缘阻抗应在参考条件下进行试验，使用的试验电压不超过直流100V。电压的极性应颠倒过来。被测电阻不应少于100 $M\Omega$。

应在传感器处于最高温度时测量，传感器的金属壳与连接到传感器上每一个导体间的电阻，测试电压不应超过直流10V。电压的极性应颠倒过来。测量的电阻任何时候都不能少于10 $M\Omega$。

4 干热试验

参照GB2423.2-89《电工电子产品基本环境试验：高温》执行。

温度：（55±2）℃，时间：2小时，在加热和冷却过程中，温度的变化率不应超过每分钟1 ℃。试验大气的相对湿度不应超过20%。

经过干热试验后，热量表或其组件的外观应无明显变化。

在加热到（55±2）℃并达到温度稳定之后，应对计算器做最大允许误差试验，试验条件如下：

模拟的出口温度为θ_{min}和θ_{ref}

模拟的流量应不超过计算器可接收的最大值

模拟的温差为$\Delta\theta_{min}$和$\Delta\theta_{ref}$

试验结果应符合规程正文中第5.2.2条表2中E_G的要求。

5 低温储存

参照GB2423.1-89《电工电子产品基本环境试验：低温》执行。

A级环境：温度：（-15±3）℃，时间：2小时

B级环境：温度：（-30±3）℃，时间：2小时

低温储存试验后，热量表或其组件的外观应无明显变化。

6 低温试验

A级环境：温度：（-5±3）℃，时间：2小时

B级环境：温度：（-25±3）℃，时间：2小时

在冷却和加热过程中，温度的变化率不应超过每分钟1 ℃。

在冷却到预定温度并达到温度稳定之后，应对计算器做最大允许误差试验，试验条件如下：

模拟的出口温度为θ_{min}和θ_{ref}

模拟的流量应不超过计算器可接收的最大值

模拟的温差为$\Delta\theta_{min}$和$\Delta\theta_{ref}$

试验结果应符合规程正文中第5.2.2条表2中E_G的要求。

7 湿热循环

参照GB/T2423.4-93《电工电子产品基本环境试验：交变湿热》执行。

表2 湿热循环

环境等级	A	B
温度下限 ℃	（25±3）	（25±3）

续表

温度上限　℃	（40 ± 2）	（55 ± 2）
相对湿度	≥ 93%	≥ 93%
周期循环	12h+12h	12h+12h
循环次数	2	2

湿热循环试验后，热量表或其组件的外观应无明显变化。

8 电源电压变化

交流供电的热量表或其组件在以下试验条件中应能正常工作。

（187~242）V

9 电源频率变化

交流供电的热量表或其组件在以下试验条件中应能正常工作。

47.5Hz~52.5Hz

10 电源中断

本条只适用于电网供电的热量表。

参照GB/T17626.11–1998《电磁兼容试验和测量技术》执行。

中断时间不得少于50ms，连续两次中断之间的时间间隔应为（10 ± 1）s，电压中断应重复10次。

热量表在电源中断试验中应能正常工作。

11 电快速瞬变（脉冲串）

参照GB/T17626.4–1998《电磁兼容试验和测量技术》执行。

对于信号线和直流电源线，试验电压：1.0kV ± 10%。如果信号线或直流电源线的长度小于1.2米，可以免做此项试验。

对于交流电源线，试验电压：2.0kV ± 10% × 2.0kV

热量表在电快速瞬变试验后仍能正常工作。

12 电浪涌

参照GB/T17626.5–1998《电磁兼容试验和测量技术》执行。

对于信号线和直流电源线，试验电压：0.5 kV。如果信号线或直流电源线的长度小于10米，可以免做此项试验。

对于交流电源线：

试验电压—共模方式：2.0 kV ± 10% × 2.0kV

试验电压—差模方式：1.0 kV ±10%×1.0kV

热量表在电浪涌试验后应能正常工作。

13 电磁场

参照GB/T17626.3-1998《电磁兼容试验和测量技术》执行。

频率范围：26MHz~1000 MHz；3V/m

热量表在电磁场试验中应能正常工作。

14 静电放电

参照GB/T17626.2-1998《电磁兼容试验和测量技术》执行。

放电电压：空气放电8kV或接触放电4 kV。

热量表在静电放电试验后应能正常工作。

15 静态磁场

在试验过程中，一个具有100KA/m电磁力的永久磁铁应在流量传感器，计算器外壳和热量表的读数装置周围的几个位置与之相接触。

在热量表的外壳，在静态磁场会影响热量表正常运行的位置上应标明试验和误差、热量表类型、结构和/或过去经历。

热量表的读数装置应在磁铁的任一位置上都能观察到。试验的持续时间应足够RVM状态下热量表误差的确定。

热量表在静态磁场试验中应能正常工作。

16 工频电磁场

参照GB/T17626.8-1998《电磁兼容试验和测量技术》执行。

磁场强度60A/m

热量表在工频电磁场试验中应能正常工作。

17 耐压强度

流量传感器应在无溢漏或危害的情况下承受下列两种情况之一：

（1）在比温度上限低（10±5）℃的水温下开始试验，水压为1.6MPa或1.6倍于最大工作压力。或

（2）在比温度上限高5℃的温度下，水压等于最大工作压力。

试验的持续时间应为15分钟。

18 压损试验

在流量为q_p、温度为（50±5）℃时，最大的压力降△P不应超过25kPa。

附录 2. 水的焓值密度表

当P=0.60000MPa时，水的焓值密度表见表A1

表A1

温度（℃）	密度（kg/m3）	焓（kJ/kg）	温度（℃）	密度（kg/m3）	焓（kJ/kg）	温度（℃）	密度（kg/m3）	焓（kJ/kg）
1	1000.2	4.7841	51	987.80	214.03	101	957.86	423.76
2	1000.2	8.9963	52	987.33	218.21	102	957.14	427.97
3	1000.2	13.206	53	986.87	222.39	103	956.41	432.19
4	1000.2	17.412	54	986.39	226.57	104	955.67	436.41
5	1000.2	21.616	55	985.91	230.75	105	954.93	440.63
6	1000.2	25.818	56	985.42	234.94	106	954.19	444.85
7	1000.1	30.018	57	984.93	239.12	107	953.44	449.07
8	1000.1	34.215	58	984.43	243.30	108	952.69	453.30
9	1000.0	38.411	59	983.93	247.48	109	951.93	457.52
10	999.94	42.605	60	983.41	251.67	110	951.17	461.75
11	999.84	46.798	61	982.90	255.85	111	950.40	465.98
12	999.74	50.989	62	982.37	260.04	112	949.63	470.20
13	999.61	55.178	63	981.84	264.22	113	948.86	474.44
14	999.48	59.367	64	981.31	268.41	114	948.08	478.67
15	999.34	63.554	65	980.77	272.59	115	947.29	482.90
16	999.18	67.740	66	980.22	276.78	116	946.51	487.14
17	999.01	71.926	67	979.67	280.97	117	945.71	491.37
18	998.83	76.110	68	979.12	285.15	118	944.92	495.61
19	998.64	80.294	69	978.55	289.34	119	944.11	499.85
20	998.44	84.476	70	977.98	293.53	120	943.31	504.09
21	998.22	88.659	71	977.41	297.72	121	942.50	508.34
22	998.00	92.840	72	976.83	301.91	122	941.68	512.58
23	997.77	97.021	73	976.25	306.10	123	940.86	516.83
24	997.52	101.20	74	975.66	310.29	124	940.04	521.08
25	997.27	105.38	75	975.06	314.48	125	939.21	525.33
26	997.01	109.56	76	974.46	318.68	126	938.38	529.58
27	996.74	113.74	77	973.86	322.87	127	937.54	533.83
28	996.46	117.92	78	973.25	327.06	128	936.70	538.09
29	996.17	122.10	79	972.63	331.26	129	935.86	542.35
30	995.87	126.28	80	972.01	335.45	130	935.01	546.61
31	995.56	130.46	81	971.39	339.65	131	934.15	550.87
32	995.25	134.63	82	970.76	343.85	132	933.29	555.13
33	994.93	138.81	83	970.12	348.04	133	932.43	559.40
34	994.59	142.99	84	969.48	352.24	134	931.56	563.67
35	994.25	147.17	85	968.84	356.44	135	930.69	567.93
36	993.91	151.35	86	968.19	360.64	136	929.81	572.21
37	993.55	155.52	87	967.53	364.84	137	928.93	576.48
38	993.19	159.70	88	966.87	369.04	138	928.05	580.76
39	992.81	163.88	89	966.21	373.25	139	927.16	585.04
40	992.44	168.06	90	965.54	377.45	140	926.26	589.32
41	992.05	172.24	91	964.86	381.65	141	925.37	593.60
42	991.65	176.41	92	964.18	385.86	142	924.46	597.88
43	991.25	180.59	93	963.50	390.07	143	923.56	602.17

续表

44	990.85	184.77	94	962.81	394.27	144	922.64	606.46
45	990.43	188.95	95	962.12	398.48	145	921.73	610.76
46	990.01	193.13	96	961.42	402.69	146	920.81	615.05
47	989.58	197.31	97	960.72	406.90	147	919.88	619.35
48	989.14	201.49	98	960.01	411.11	148	918.95	623.65
49	988.70	205.67	99	959.30	415.33	149	918.02	627.95
50	988.25	209.85	100	958.58	419.54	150	917.08	632.26

水的焓值密度表

当P=1.60000MPa时，水的焓值密度表见表A2

表A2

温度（℃）	密度（kg/m3）	焓（kJ/kg）	温度（℃）	密度（kg/m3）	焓（kJ/kg）	温度（℃）	密度（kg/m3）	焓（kJ/kg）
1	1000.7	5.7964	51	988.23	214.89	101	958.33	424.51
2	1000.7	10.0040	52	987.77	219.07	102	957.61	428.72
3	1000.7	14.2090	53	987.30	223.25	103	956.88	432.93
4	1000.7	18.4110	54	986.83	227.42	104	956.15	437.15
5	1000.7	22.6110	55	985.35	231.60	105	955.41	441.37
6	1000.7	26.8080	56	985.86	235.78	106	954.67	445.59
7	1000.6	31.0040	57	985.37	239.96	107	953.92	449.81
8	1000.6	35.1970	58	984.87	244.14	108	953.17	454.03
9	1000.5	39.3890	59	984.36	248.33	109	952.41	458.25
10	1000.4	43.5790	60	983.85	252.51	110	951.65	462.48
11	1000.3	47.7680	61	983.33	256.69	111	950.89	466.70
12	1000.2	51.9560	62	982.81	260.87	112	950.12	470.93
13	1000.1	56.1420	63	982.28	265.05	113	949.34	475.16
14	999.95	60.3270	64	981.75	269.24	114	948.57	479.39
15	999.80	64.5110	65	981.21	273.42	115	947.78	483.62
16	999.64	68.6930	66	980.66	277.61	116	947.00	487.85
17	999.47	72.8750	67	980.11	281.79	117	946.21	492.08
18	999.29	77.0570	68	979.55	285.98	118	945.41	496.32
19	999.10	81.2370	69	978.99	290.16	119	944.61	500.56
20	998.89	85.4170	70	978.43	294.35	120	943.81	504.80
21	998.68	89.5960	71	977.85	298.54	121	943.00	509.04
22	998.45	93.7740	72	977.27	302.72	122	942.19	513.28
23	998.22	97.9520	73	976.69	306.91	123	941.37	517.52
24	997.98	102.130	74	976.10	311.10	124	940.55	521.77
25	997.72	106.310	75	975.51	315.29	125	939.72	526.02
26	997.46	110.480	76	974.91	319.48	126	938.89	530.27
27	997.19	114.660	77	974.30	323.67	127	938.06	534.52
28	996.91	118.840	78	973.70	327.86	128	937.22	538.77
29	996.62	123.010	79	973.08	332.06	129	936.37	543.03
30	996.32	127.190	80	972.46	336.25	130	935.52	547.28
31	996.01	131.360	81	971.84	340.44	131	934.67	551.54
32	995.69	135.540	82	971.76	344.64	132	933.82	555.80
33	995.37	139.720	83	970.21	348.83	133	932.95	560.07
34	995.04	143.890	84	969.93	353.03	134	932.09	564.33
35	994.69	148.070	85	969.29	357.23	135	931.22	568.60
36	994.35	152.240	86	968.64	361.42	136	930.35	572.87
37	993.99	156.420	87	967.99	365.62	137	929.47	577.14
38	993.62	160.590	88	967.33	369.82	138	928.58	581.41
39	993.25	164.770	89	966.66	374.02	139	927.70	585.69
40	992.87	168.940	90	965.99	378.22	140	926.81	589.96
41	992.49	173.120	91	965.32	382.43	141	925.91	594.24
42	992.09	177.300	92	964.64	386.63	142	925.01	598.53
43	991.69	181.470	93	963.96	390.83	143	924.10	602.81
44	991.28	185.650	94	963.27	395.04	144	923.19	607.10
45	990.87	189.820	95	962.58	399.24	145	922.28	611.39
46	990.44	194.000	96	961.88	403.45	146	921.36	615.68
47	990.02	198.180	97	961.18	407.66	147	920.44	619.97
48	989.58	202.360	98	960.48	411.87	148	919.51	624.27
49	989.14	206.530	99	959.77	416.08	149	918.58	628.57
50	988.69	210.710	100	955.55	420.29	150	917.65	632.87

附录 3　热系数表

压力P=0.6MPa时的热系数如下表（单位：kWh/（m³℃））

	出口温度（℃）														
进口温度（℃）	94	93	92	91	90	89	88	87	86	85	84	83	82	81	80
95	1.125	1.126	1.127	1.127	1.128	1.129	1.129	1.130	1.131	1.131	1.132	1.132	1.133	1.134	1.134
94		1.126	1.127	1.127	1.128	1.128	1.129	1.130	1.130	1.131	1.132	1.132	1.133	1.134	1.134
93			1.126	1.127	1.128	1.128	1.129	1.130	1.130	1.131	1.132	1.132	1.133	1.133	1.134
92				1.127	1.128	1.128	1.129	1.130	1.130	1.131	1.131	1.132	1.133	1.133	1.134
91					1.127	1.128	1.129	1.129	1.130	1.131	1.131	1.132	1.133	1.133	1.134
90						1.128	1.129	1.129	1.130	1.131	1.131	1.132	1.132	1.133	1.134
89							1.128	1.129	1.130	1.130	1.131	1.132	1.132	1.133	1.134
88								1.129	1.130	1.130	1.131	1.132	1.132	1.133	1.133
87									1.130	1.130	1.131	1.131	1.132	1.133	1.133
86										1.130	1.131	1.131	1.132	1.133	1.133
85											1.131	1.131	1.132	1.133	1.133
84												1.131	1.132	1.132	1.133
83													1.132	1.132	1.133
82														1.132	1.133
81															1.133
80															
79															
78															
77															
76															
75															
74															
73															
72															
71															
70															
69															
68															
67															
66															
65															
64															
63															
62															
61															
60															

续表

59															
58															
57															
56															
55															
54															
53															
52															
51															
50															

	出口温度（℃）															
进口温度（℃）	79	78	77	76	75	74	73	72	71	70	69	68	67	66	65	64
95	1.135	1.136	1.136	1.137	1.137	1.138	1.139	1.139	1.140	1.140	1.141	1.141	1.142	1.143	1.143	1.144
94	1.135	1.135	1.136	1.137	1.137	1.138	1.138	1.139	1.140	1.140	1.141	1.141	1.142	1.142	1.143	1.144
93	1.135	1.135	1.136	1.137	1.137	1.138	1.138	1.139	1.139	1.140	1.141	1.141	1.142	1.142	1.143	1.143
92	1.135	1.135	1.136	1.136	1.137	1.138	1.138	1.139	1.139	1.140	1.141	1.141	1.142	1.142	1.143	1.143
91	1.134	1.135	1.136	1.136	1.137	1.137	1.138	1.139	1.139	1.140	1.140	1.141	1.142	1.142	1.143	1.143
90	1.134	1.135	1.136	1.136	1.137	1.137	1.138	1.139	1.139	1.140	1.140	1.141	1.141	1.142	1.143	1.143
89	1.134	1.135	1.135	1.136	1.137	1.137	1.138	1.138	1.139	1.140	1.140	1.141	1.141	1.142	1.142	1.143
88	1.134	1.135	1.135	1.136	1.137	1.137	1.138	1.138	1.139	1.139	1.140	1.141	1.141	1.142	1.142	1.143
87	1.134	1.135	1.135	1.136	1.136	1.137	1.138	1.138	1.139	1.139	1.140	1.141	1.141	1.142	1.142	1.143
86	1.134	1.134	1.135	1.136	1.136	1.137	1.138	1.138	1.139	1.139	1.140	1.140	1.141	1.142	1.142	1.143
85	1.134	1.134	1.135	1.136	1.136	1.137	1.137	1.138	1.139	1.139	1.140	1.140	1.141	1.141	1.142	1.143
84	1.134	1.134	1.135	1.135	1.136	1.137	1.137	1.138	1.138	1.139	1.140	1.140	1.141	1.141	1.142	1.142
83	1.134	1.134	1.135	1.135	1.136	1.137	1.137	1.138	1.138	1.139	1.140	1.140	1.141	1.141	1.142	1.142
82	1.133	1.134	1.135	1.135	1.136	1.137	1.137	1.138	1.138	1.139	1.139	1.140	1.141	1.141	1.142	1.142
81	1.133	1.134	1.135	1.135	1.136	1.136	1.137	1.138	1.138	1.139	1.139	1.140	1.141	1.141	1.142	1.142
80	1.133	1.134	1.134	1.135	1.136	1.136	1.137	1.138	1.138	1.139	1.139	1.140	1.140	1.141	1.142	1.142
79		1.134	1.134	1.135	1.136	1.136	1.137	1.137	1.138	1.139	1.139	1.140	1.140	1.141	1.141	1.142
78			1.134	1.135	1.136	1.136	1.137	1.137	1.138	1.138	1.139	1.140	1.140	1.141	1.141	1.142
77				1.135	1.135	1.136	1.137	1.137	1.138	1.138	1.139	1.140	1.140	1.141	1.141	1.142
76					1.135	1.136	1.137	1.137	1.138	1.138	1.139	1.139	1.140	1.141	1.141	1.142
75						1.136	1.136	1.137	1.138	1.138	1.139	1.139	1.140	1.141	1.141	1.142
74							1.136	1.137	1.138	1.138	1.139	1.139	1.140	1.140	1.141	1.142
73								1.137	1.137	1.138	1.139	1.139	1.140	1.140	1.141	1.142
72									1.137	1.138	1.139	1.139	1.140	1.140	1.141	1.141
71										1.138	1.138	1.139	1.140	1.140	1.141	1.141
70											1.138	1.139	1.140	1.140	1.141	1.141
69												1.139	1.139	1.140	1.141	1.141
68													1.139	1.140	1.141	1.141
67														1.140	1.140	1.141
66															1.140	1.141
65																1.141
64																
63																

续表

62																
61																
60																
59																
58																
57																
56																
55																
54																
53																
52																
51																
50																

	出口温度（℃）														
进口温度(℃)	63	62	61	60	59	58	57	56	55	54	53	52	51	50	49
95	1.144	1.145	1.145	1.146	1.146	1.147	1.147	1.148	1.148	1.149	1.149	1.150	1.150	1.151	1.151
94	1.144	1.145	1.145	1.146	1.146	1.147	1.147	1.148	1.148	1.149	1.149	1.150	1.150	1.151	1.151
93	1.144	1.144	1.145	1.146	1.146	1.147	1.147	1.148	1.148	1.149	1.149	1.150	1.150	1.150	1.151
92	1.144	1.144	1.145	1.145	1.146	1.146	1.147	1.147	1.148	1.148	1.149	1.149	1.150	1.150	1.151
91	1.144	1.144	1.145	1.145	1.146	1.146	1.147	1.147	1.148	1.148	1.149	1.149	1.150	1.150	1.151
90	1.144	1.144	1.145	1.145	1.146	1.146	1.147	1.147	1.148	1.148	1.149	1.149	1.150	1.150	1.151
89	1.144	1.144	1.145	1.145	1.146	1.146	1.147	1.147	1.148	1.148	1.149	1.149	1.150	1.150	1.151
88	1.143	1.144	1.144	1.145	1.146	1.146	1.147	1.147	1.148	1.148	1.149	1.149	1.150	1.150	1.150
87	1.143	1.144	1.144	1.145	1.145	1.146	1.146	1.147	1.147	1.148	1.148	1.149	1.149	1.150	1.150
86	1.143	1.144	1.144	1.145	1.145	1.146	1.146	1.147	1.147	1.148	1.148	1.149	1.149	1.150	1.150
85	1.143	1.144	1.144	1.145	1.145	1.146	1.146	1.147	1.147	1.148	1.148	1.149	1.149	1.150	1.150
84	1.143	1.144	1.144	1.145	1.145	1.146	1.146	1.147	1.147	1.148	1.148	1.149	1.149	1.150	1.150
83	1.143	1.143	1.144	1.145	1.145	1.146	1.146	1.147	1.147	1.148	1.148	1.149	1.149	1.150	1.150
82	1.143	1.143	1.144	1.144	1.145	1.145	1.146	1.147	1.147	1.148	1.148	1.148	1.149	1.149	1.150
81	1.143	1.143	1.144	1.144	1.145	1.145	1.146	1.146	1.147	1.147	1.148	1.148	1.149	1.149	1.150
80	1.143	1.143	1.144	1.144	1.145	1.145	1.146	1.146	1.147	1.147	1.148	1.148	1.149	1.149	1.150
79	1.143	1.143	1.144	1.144	1.145	1.145	1.146	1.146	1.147	1.147	1.148	1.148	1.149	1.149	1.150
78	1.143	1.143	1.144	1.144	1.145	1.145	1.146	1.146	1.147	1.147	1.148	1.148	1.149	1.149	1.150
77	1.142	1.143	1.143	1.144	1.145	1.145	1.146	1.146	1.147	1.147	1.148	1.148	1.149	1.149	1.150
76	1.142	1.143	1.143	1.144	1.144	1.145	1.146	1.146	1.147	1.147	1.148	1.148	1.148	1.149	1.149
75	1.142	1.143	1.143	1.144	1.144	1.145	1.145	1.146	1.146	1.147	1.147	1.148	1.148	1.149	1.149
74	1.142	1.143	1.143	1.144	1.144	1.145	1.145	1.146	1.146	1.147	1.147	1.148	1.148	1.149	1.149
73	1.142	1.143	1.143	1.144	1.144	1.145	1.145	1.146	1.146	1.147	1.147	1.148	1.148	1.149	1.149
72	1.142	1.143	1.143	1.144	1.144	1.145	1.145	1.146	1.146	1.147	1.147	1.148	1.148	1.149	1.149
71	1.142	1.142	1.143	1.144	1.144	1.145	1.145	1.146	1.146	1.147	1.147	1.148	1.148	1.149	1.149
70	1.142	1.142	1.143	1.143	1.144	1.145	1.145	1.146	1.146	1.147	1.147	1.148	1.148	1.149	1.149
69	1.142	1.142	1.143	1.143	1.144	1.144	1.145	1.146	1.146	1.147	1.147	1.148	1.148	1.148	1.149
68	1.142	1.142	1.143	1.143	1.144	1.144	1.145	1.145	1.146	1.146	1.147	1.147	1.148	1.148	1.149
67	1.142	1.142	1.143	1.143	1.144	1.144	1.145	1.145	1.146	1.146	1.147	1.147	1.148	1.148	1.149
66	1.142	1.142	1.143	1.143	1.144	1.144	1.145	1.145	1.146	1.146	1.147	1.147	1.148	1.148	1.149

续表

65	1.141	1.142	1.143	1.143	1.144	1.144	1.145	1.145	1.146	1.146	1.147	1.147	1.148	1.148	1.149
64	1.141	1.142	1.143	1.143	1.144	1.144	1.145	1.145	1.146	1.146	1.147	1.147	1.148	1.148	1.149
63		1.142	1.142	1.143	1.144	1.144	1.145	1.145	1.146	1.146	1.147	1.147	1.148	1.148	1.149
62			1.142	1.143	1.143	1.144	1.145	1.145	1.146	1.146	1.147	1.147	1.148	1.148	1.149
61				1.143	1.143	1.144	1.144	1.145	1.146	1.146	1.147	1.147	1.148	1.148	1.148
60					1.143	1.144	1.144	1.145	1.145	1.146	1.146	1.147	1.147	1.148	1.148
59						1.144	1.144	1.145	1.145	1.146	1.146	1.147	1.147	1.148	1.148
58							1.144	1.145	1.145	1.146	1.146	1.147	1.147	1.148	1.148
57								1.145	1.145	1.146	1.146	1.147	1.147	1.148	1.148
56									1.145	1.146	1.146	1.147	1.147	1.148	1.148
55										1.146	1.146	1.147	1.147	1.148	1.148
54											1.146	1.147	1.147	1.148	1.148
53												1.147	1.147	1.148	1.148
52													1.147	1.148	1.148
51														1.147	1.148
50															1.148

	出口温度（℃）															
进口温度(℃)	48	47	46	45	44	43	42	41	40	39	38	37	36	35	34	33
95	1.152	1.152	1.152	1.153	1.153	1.154	1.154	1.155	1.155	1.155	1.156	1.156	1.156	1.157	1.157	1.157
94	1.151	1.152	1.152	1.153	1.153	1.154	1.154	1.154	1.155	1.155	1.156	1.156	1.156	1.157	1.157	1.157
93	1.151	1.152	1.152	1.153	1.153	1.154	1.154	1.154	1.155	1.155	1.156	1.156	1.156	1.157	1.157	1.157
92	1.151	1.152	1.152	1.153	1.153	1.153	1.154	1.154	1.155	1.155	1.155	1.156	1.156	1.157	1.157	1.157
91	1.151	1.152	1.152	1.153	1.153	1.153	1.154	1.154	1.155	1.155	1.155	1.156	1.156	1.156	1.157	1.157
90	1.151	1.152	1.152	1.152	1.153	1.153	1.154	1.154	1.154	1.155	1.155	1.156	1.156	1.156	1.157	1.157
89	1.151	1.151	1.152	1.152	1.153	1.153	1.154	1.154	1.154	1.155	1.155	1.156	1.156	1.156	1.157	1.157
88	1.151	1.151	1.152	1.152	1.153	1.153	1.153	1.154	1.154	1.155	1.155	1.155	1.156	1.156	1.157	1.157
87	1.151	1.151	1.152	1.152	1.153	1.153	1.153	1.154	1.154	1.155	1.155	1.155	1.156	1.156	1.156	1.157
86	1.151	1.151	1.152	1.152	1.152	1.153	1.153	1.154	1.154	1.155	1.155	1.155	1.156	1.156	1.156	1.157
85	1.151	1.151	1.152	1.152	1.152	1.153	1.153	1.154	1.154	1.154	1.155	1.155	1.156	1.156	1.156	1.157
84	1.151	1.151	1.151	1.152	1.152	1.153	1.153	1.154	1.154	1.154	1.155	1.155	1.155	1.156	1.156	1.157
83	1.150	1.151	1.151	1.152	1.152	1.153	1.153	1.153	1.154	1.154	1.155	1.155	1.155	1.156	1.156	1.156
82	1.150	1.151	1.151	1.152	1.152	1.153	1.153	1.153	1.154	1.154	1.155	1.155	1.155	1.156	1.156	1.156
81	1.150	1.151	1.151	1.152	1.152	1.152	1.153	1.153	1.154	1.154	1.155	1.155	1.155	1.156	1.156	1.156
80	1.150	1.151	1.151	1.152	1.152	1.152	1.153	1.153	1.154	1.154	1.154	1.155	1.155	1.156	1.156	1.156
79	1.150	1.151	1.151	1.151	1.152	1.152	1.153	1.153	1.154	1.154	1.154	1.155	1.155	1.155	1.156	1.156
78	1.150	1.151	1.151	1.151	1.152	1.152	1.153	1.153	1.153	1.154	1.154	1.155	1.155	1.155	1.156	1.156
77	1.150	1.151	1.151	1.151	1.152	1.152	1.153	1.153	1.153	1.154	1.154	1.155	1.155	1.155	1.156	1.156
76	1.150	1.150	1.151	1.151	1.152	1.152	1.153	1.153	1.153	1.154	1.154	1.155	1.155	1.155	1.156	1.156
75	1.150	1.150	1.151	1.151	1.152	1.152	1.152	1.153	1.153	1.154	1.154	1.154	1.155	1.155	1.156	1.156
74	1.150	1.150	1.151	1.151	1.152	1.152	1.152	1.153	1.153	1.154	1.154	1.154	1.155	1.155	1.156	1.156
73	1.150	1.150	1.151	1.151	1.151	1.152	1.152	1.153	1.153	1.154	1.154	1.154	1.155	1.155	1.155	1.156
72	1.150	1.150	1.151	1.151	1.151	1.152	1.152	1.153	1.153	1.153	1.154	1.154	1.155	1.155	1.155	1.156
71	1.150	1.150	1.150	1.151	1.151	1.152	1.152	1.153	1.153	1.153	1.154	1.154	1.155	1.155	1.155	1.156
70	1.149	1.150	1.150	1.151	1.151	1.152	1.152	1.153	1.153	1.153	1.154	1.154	1.155	1.155	1.155	1.156
69	1.149	1.150	1.150	1.151	1.151	1.152	1.152	1.152	1.153	1.153	1.154	1.154	1.154	1.155	1.155	1.156

续表

68	1.149	1.150	1.150	1.151	1.151	1.152	1.152	1.152	1.153	1.153	1.154	1.154	1.154	1.155	1.155	1.156
67	1.149	1.150	1.150	1.151	1.151	1.152	1.152	1.152	1.153	1.153	1.154	1.154	1.154	1.155	1.155	1.155
66	1.149	1.150	1.150	1.151	1.151	1.151	1.152	1.152	1.153	1.153	1.154	1.154	1.154	1.155	1.155	1.155
65	1.149	1.150	1.150	1.151	1.151	1.151	1.152	1.152	1.153	1.153	1.153	1.154	1.154	1.155	1.155	1.155
64	1.149	1.150	1.150	1.150	1.151	1.151	1.152	1.152	1.153	1.153	1.153	1.154	1.154	1.155	1.155	1.155
63	1.149	1.150	1.150	1.150	1.151	1.151	1.152	1.152	1.153	1.153	1.153	1.154	1.154	1.155	1.155	1.155
62	1.149	1.149	1.150	1.150	1.151	1.151	1.152	1.152	1.153	1.153	1.153	1.154	1.154	1.154	1.155	1.155
61	1.149	1.149	1.150	1.150	1.151	1.151	1.152	1.152	1.152	1.153	1.153	1.154	1.154	1.154	1.155	1.155
60	1.149	1.149	1.150	1.150	1.151	1.151	1.152	1.152	1.152	1.153	1.153	1.154	1.154	1.154	1.155	1.155
59	1.149	1.149	1.150	1.150	1.151	1.151	1.152	1.152	1.152	1.153	1.153	1.154	1.154	1.154	1.155	1.155
58	1.149	1.149	1.150	1.150	1.151	1.151	1.151	1.152	1.152	1.153	1.153	1.154	1.154	1.154	1.155	1.155
57	1.149	1.149	1.150	1.150	1.151	1.151	1.151	1.152	1.152	1.153	1.153	1.153	1.154	1.154	1.155	1.155
56	1.149	1.149	1.150	1.150	1.151	1.151	1.151	1.152	1.152	1.153	1.153	1.153	1.154	1.154	1.155	1.155
55	1.149	1.149	1.150	1.150	1.150	1.151	1.151	1.152	1.152	1.153	1.153	1.153	1.154	1.154	1.155	1.155
54	1.149	1.149	1.150	1.150	1.150	1.151	1.151	1.152	1.152	1.153	1.153	1.153	1.154	1.154	1.155	1.155
53	1.149	1.149	1.149	1.150	1.150	1.151	1.151	1.152	1.152	1.153	1.153	1.153	1.154	1.154	1.154	1.155
52	1.149	1.149	1.149	1.150	1.150	1.151	1.151	1.152	1.152	1.152	1.153	1.153	1.154	1.154	1.154	1.155
51	1.148	1.149	1.149	1.150	1.150	1.151	1.151	1.152	1.152	1.152	1.153	1.153	1.154	1.154	1.154	1.155
50	1.148	1.149	1.149	1.150	1.150	1.151	1.151	1.152	1.152	1.152	1.153	1.153	1.154	1.154	1.154	1.155

	出口温度（℃）												
进口温度(℃)	32	31	30	29	28	27	26	25	24	23	22	21	20
95	1.158	1.158	1.158	1.159	1.159	1.159	1.160	1.160	1.160	1.160	1.161	1.161	1.161
94	1.158	1.158	1.158	1.159	1.159	1.159	1.160	1.160	1.160	1.160	1.161	1.161	1.161
93	1.158	1.158	1.158	1.159	1.159	1.159	1.159	1.160	1.160	1.160	1.160	1.161	1.161
92	1.158	1.158	1.158	1.158	1.159	1.159	1.159	1.160	1.160	1.160	1.160	1.161	1.161
91	1.157	1.158	1.158	1.158	1.159	1.159	1.159	1.160	1.160	1.160	1.160	1.161	1.161
90	1.157	1.158	1.158	1.158	1.159	1.159	1.159	1.159	1.160	1.160	1.160	1.160	1.161
89	1.157	1.158	1.158	1.158	1.159	1.159	1.159	1.159	1.160	1.160	1.160	1.160	1.161
88	1.157	1.158	1.158	1.158	1.158	1.159	1.159	1.159	1.160	1.160	1.160	1.160	1.161
87	1.157	1.157	1.158	1.158	1.158	1.159	1.159	1.159	1.160	1.160	1.160	1.160	1.160
86	1.157	1.157	1.158	1.158	1.158	1.159	1.159	1.159	1.159	1.160	1.160	1.160	1.160
85	1.157	1.157	1.158	1.158	1.158	1.159	1.159	1.159	1.159	1.160	1.160	1.160	1.160
84	1.157	1.157	1.158	1.158	1.158	1.158	1.159	1.159	1.159	1.160	1.160	1.160	1.160
83	1.157	1.157	1.157	1.158	1.158	1.158	1.159	1.159	1.159	1.159	1.160	1.160	1.160
82	1.157	1.157	1.157	1.158	1.158	1.158	1.159	1.159	1.159	1.159	1.160	1.160	1.160
81	1.157	1.157	1.157	1.158	1.158	1.158	1.159	1.159	1.159	1.159	1.160	1.160	1.160
80	1.157	1.157	1.157	1.158	1.158	1.158	1.158	1.159	1.159	1.159	1.160	1.160	1.160
79	1.157	1.157	1.157	1.158	1.158	1.158	1.158	1.159	1.159	1.159	1.159	1.160	1.160
78	1.156	1.157	1.157	1.157	1.158	1.158	1.158	1.159	1.159	1.159	1.159	1.160	1.160
77	1.156	1.157	1.157	1.157	1.158	1.158	1.158	1.159	1.159	1.159	1.159	1.160	1.160
76	1.156	1.157	1.157	1.157	1.158	1.158	1.158	1.159	1.159	1.159	1.159	1.160	1.160
75	1.156	1.157	1.157	1.157	1.158	1.158	1.158	1.158	1.159	1.159	1.159	1.160	1.160
74	1.156	1.157	1.157	1.157	1.158	1.158	1.158	1.158	1.159	1.159	1.159	1.159	1.160
73	1.156	1.156	1.157	1.157	1.157	1.158	1.158	1.158	1.159	1.159	1.159	1.159	1.160
72	1.156	1.156	1.157	1.157	1.157	1.158	1.158	1.158	1.159	1.159	1.159	1.159	1.160

续表

71	1.156	1.156	1.157	1.157	1.157	1.158	1.158	1.158	1.159	1.159	1.159	1.159	1.160
70	1.156	1.156	1.157	1.157	1.157	1.158	1.158	1.158	1.158	1.159	1.159	1.159	1.159
69	1.156	1.156	1.157	1.157	1.157	1.158	1.158	1.158	1.158	1.159	1.159	1.159	1.159
68	1.156	1.156	1.157	1.157	1.157	1.157	1.158	1.158	1.158	1.159	1.159	1.159	1.159
67	1.156	1.156	1.156	1.157	1.157	1.157	1.158	1.158	1.158	1.159	1.159	1.159	1.159
66	1.156	1.156	1.156	1.157	1.157	1.157	1.158	1.158	1.158	1.159	1.159	1.159	1.159
65	1.156	1.156	1.156	1.157	1.157	1.157	1.158	1.158	1.158	1.159	1.159	1.159	1.159
64	1.156	1.156	1.156	1.157	1.157	1.157	1.158	1.158	1.158	1.158	1.159	1.159	1.159
63	1.156	1.156	1.156	1.157	1.157	1.157	1.158	1.158	1.158	1.158	1.159	1.159	1.159
62	1.156	1.156	1.156	1.157	1.157	1.157	1.158	1.158	1.158	1.158	1.159	1.159	1.159
61	1.156	1.156	1.156	1.157	1.157	1.157	1.157	1.158	1.158	1.158	1.159	1.159	1.159
60	1.155	1.156	1.156	1.156	1.157	1.157	1.157	1.158	1.158	1.158	1.159	1.159	1.159
59	1.155	1.156	1.156	1.156	1.157	1.157	1.157	1.158	1.158	1.158	1.159	1.159	1.159
58	1.155	1.156	1.156	1.156	1.157	1.157	1.157	1.158	1.158	1.158	1.159	1.159	1.159
57	1.155	1.156	1.156	1.156	1.157	1.157	1.157	1.158	1.158	1.158	1.158	1.159	1.159
56	1.155	1.156	1.156	1.156	1.157	1.157	1.157	1.158	1.158	1.158	1.158	1.159	1.159
55	1.155	1.156	1.156	1.156	1.157	1.157	1.157	1.158	1.158	1.158	1.158	1.159	1.159
54	1.155	1.156	1.156	1.156	1.157	1.157	1.157	1.158	1.158	1.158	1.158	1.159	1.159
53	1.155	1.156	1.156	1.156	1.157	1.157	1.157	1.158	1.158	1.158	1.158	1.159	1.159
52	1.155	1.156	1.156	1.156	1.157	1.157	1.157	1.157	1.158	1.158	1.158	1.159	1.159
51	1.155	1.155	1.156	1.156	1.157	1.157	1.157	1.157	1.158	1.158	1.158	1.159	1.159
50	1.155	1.155	1.156	1.156	1.156	1.157	1.157	1.157	1.158	1.158	1.158	1.159	1.159

进口温度(℃)	出口温度（℃）														
	19	18	17	16	15	14	13	12	11	10	9	8	7	6	5
95	1.161	1.162	1.162	1.162	1.162	1.162	1.162	1.163	1.163	1.163	1.163	1.163	1.163	1.163	1.163
94	1.161	1.161	1.162	1.162	1.162	1.162	1.162	1.162	1.163	1.163	1.163	1.163	1.163	1.163	1.163
93	1.161	1.161	1.162	1.162	1.162	1.162	1.162	1.162	1.163	1.163	1.163	1.163	1.163	1.163	1.163
92	1.161	1.161	1.161	1.162	1.162	1.162	1.162	1.162	1.162	1.163	1.163	1.163	1.163	1.163	1.163
91	1.161	1.161	1.161	1.162	1.162	1.162	1.162	1.162	1.162	1.162	1.163	1.163	1.163	1.163	1.163
90	1.161	1.161	1.161	1.162	1.162	1.162	1.162	1.162	1.162	1.162	1.163	1.163	1.163	1.163	1.163
89	1.161	1.161	1.161	1.161	1.162	1.162	1.162	1.162	1.162	1.162	1.162	1.163	1.163	1.163	1.163
88	1.161	1.161	1.161	1.161	1.162	1.162	1.162	1.162	1.162	1.162	1.162	1.163	1.163	1.163	1.163
87	1.161	1.161	1.161	1.161	1.161	1.162	1.162	1.162	1.162	1.162	1.162	1.162	1.163	1.163	1.163
86	1.161	1.161	1.161	1.161	1.161	1.162	1.162	1.162	1.162	1.162	1.162	1.162	1.162	1.163	1.163
85	1.161	1.161	1.161	1.161	1.161	1.162	1.162	1.162	1.162	1.162	1.162	1.162	1.162	1.163	1.163
84	1.161	1.161	1.161	1.161	1.161	1.161	1.162	1.162	1.162	1.162	1.162	1.162	1.162	1.162	1.163
83	1.160	1.161	1.161	1.161	1.161	1.161	1.162	1.162	1.162	1.162	1.162	1.162	1.162	1.162	1.162
82	1.160	1.161	1.161	1.161	1.161	1.161	1.162	1.162	1.162	1.162	1.162	1.162	1.162	1.162	1.162
81	1.160	1.161	1.161	1.161	1.161	1.161	1.162	1.162	1.162	1.162	1.162	1.162	1.162	1.162	1.162
80	1.160	1.160	1.161	1.161	1.161	1.161	1.161	1.162	1.162	1.162	1.162	1.162	1.162	1.162	1.162
79	1.160	1.160	1.161	1.161	1.161	1.161	1.161	1.162	1.162	1.162	1.162	1.162	1.162	1.162	1.162
78	1.160	1.160	1.161	1.161	1.161	1.161	1.161	1.161	1.162	1.162	1.162	1.162	1.162	1.162	1.162
77	1.160	1.160	1.161	1.161	1.161	1.161	1.161	1.161	1.162	1.162	1.162	1.162	1.162	1.162	1.162
76	1.160	1.160	1.160	1.161	1.161	1.161	1.161	1.161	1.162	1.162	1.162	1.162	1.162	1.162	1.162
75	1.160	1.160	1.160	1.161	1.161	1.161	1.161	1.161	1.161	1.162	1.162	1.162	1.162	1.162	1.162

续表

74	1.160	1.160	1.160	1.161	1.161	1.161	1.161	1.161	1.161	1.162	1.162	1.162	1.162	1.162	1.162
73	1.160	1.160	1.160	1.161	1.161	1.161	1.161	1.161	1.161	1.162	1.162	1.162	1.162	1.162	1.162
72	1.160	1.160	1.160	1.160	1.161	1.161	1.161	1.161	1.161	1.161	1.162	1.162	1.162	1.162	1.162
71	1.160	1.160	1.160	1.160	1.161	1.161	1.161	1.161	1.161	1.161	1.162	1.162	1.162	1.162	1.162
70	1.160	1.160	1.160	1.160	1.161	1.161	1.161	1.161	1.161	1.161	1.162	1.162	1.162	1.162	1.162
69	1.160	1.160	1.160	1.160	1.161	1.161	1.161	1.161	1.161	1.161	1.162	1.162	1.162	1.162	1.162
68	1.160	1.160	1.160	1.160	1.161	1.161	1.161	1.161	1.161	1.161	1.161	1.162	1.162	1.162	1.162
67	1.160	1.160	1.160	1.160	1.160	1.161	1.161	1.161	1.161	1.161	1.161	1.162	1.162	1.162	1.162
66	1.160	1.160	1.160	1.160	1.160	1.161	1.161	1.161	1.161	1.161	1.161	1.162	1.162	1.162	1.162
65	1.160	1.160	1.160	1.160	1.160	1.161	1.161	1.161	1.161	1.161	1.161	1.162	1.162	1.162	1.162
64	1.159	1.160	1.160	1.160	1.160	1.161	1.161	1.161	1.161	1.161	1.161	1.162	1.162	1.162	1.162
63	1.159	1.160	1.160	1.160	1.160	1.161	1.161	1.161	1.161	1.161	1.161	1.161	1.162	1.162	1.162
62	1.159	1.160	1.160	1.160	1.160	1.160	1.161	1.161	1.161	1.161	1.161	1.161	1.162	1.162	1.162
61	1.159	1.160	1.160	1.160	1.160	1.160	1.161	1.161	1.161	1.161	1.161	1.161	1.162	1.162	1.162
60	1.159	1.160	1.160	1.160	1.160	1.160	1.161	1.161	1.161	1.161	1.161	1.161	1.162	1.162	1.162
59	1.159	1.160	1.160	1.160	1.160	1.160	1.161	1.161	1.161	1.161	1.161	1.161	1.162	1.162	1.162
58	1.159	1.160	1.160	1.160	1.160	1.160	1.161	1.161	1.161	1.161	1.161	1.161	1.162	1.162	1.162
57	1.159	1.159	1.160	1.160	1.160	1.160	1.161	1.161	1.161	1.161	1.161	1.161	1.162	1.162	1.162
56	1.159	1.159	1.160	1.160	1.160	1.160	1.161	1.161	1.161	1.161	1.161	1.161	1.162	1.162	1.162
55	1.159	1.159	1.160	1.160	1.160	1.160	1.161	1.161	1.161	1.161	1.161	1.161	1.162	1.162	1.162
54	1.159	1.159	1.160	1.160	1.160	1.160	1.161	1.161	1.161	1.161	1.161	1.161	1.161	1.162	1.162
53	1.159	1.159	1.160	1.160	1.160	1.160	1.160	1.161	1.161	1.161	1.161	1.161	1.161	1.162	1.162
52	1.159	1.159	1.160	1.160	1.160	1.160	1.160	1.161	1.161	1.161	1.161	1.161	1.161	1.162	1.162
51	1.159	1.159	1.160	1.160	1.160	1.160	1.160	1.161	1.161	1.161	1.161	1.161	1.161	1.162	1.162
50	1.159	1.159	1.160	1.160	1.160	1.160	1.160	1.161	1.161	1.161	1.161	1.161	1.161	1.162	1.162

附录 B Pt1000 薄膜铂电阻分度表（分度号：TCR3850 、TCR3800 ）

PT1000分度表										
温度	0	0.1	0.2	0.3	0.4	0.5	0.6	0.7	0.8	0.9
–50	803.063									
–49	807.033	806.604	806.239	805.842	805.445	805.048	804.651	804.254	803.857	803.460
–48	811.003	810.606	810.209	809.812	809.415	809.018	808.621	808.224	807.827	807.430
–47	814.970	814.573	814.177	813.780	813.383	812.987	812.590	812.193	811.796	811.400
–46	818.937	818.540	818.144	817.747	817.350	816.954	816.557	816.160	815.763	815.367
–45	822.902	822.506	822.109	821.713	821.316	820.920	820.523	820.127	819.730	819.334
–44	826.865	826.469	826.072	825.676	825.280	824.884	824.487	824.091	823.695	823.298
–43	830.828	830.432	830.035	829.639	829.243	828.847	828.450	828.054	827.658	827.261
–42	834.789	834.393	833.997	833.601	833.205	832.809	832.412	832.016	831.620	831.224
–41	838.748	838.352	837.956	837.560	837.164	836.769	836.373	835.977	835.581	835.185
–40	842.707	842.311	841.915	841.519	841.123	840.728	840.332	839.936	839.540	839.144
–39	846.664	846.268	845.873	845.477	845.081	844.686	844.290	843.894	843.498	843.103
–38	850.619	850.224	849.828	849.433	849.037	848.642	848.246	847.851	847.455	847.060
–37	854.573	854.179	853.783	853.388	852.992	852.597	852.201	851.806	851.410	851.015
–36	858.526	858.131	857.735	857.340	856.945	856.550	856.154	855.759	855.364	854.968
–35	862.478	862.082	861.688	861.292	860.897	860.502	860.107	859.712	859.316	858.921
–34	866.428	866.033	865.638	865.243	864.848	864.453	864.058	863.663	863.268	862.873
–33	870.377	869.982	869.587	869.192	868.797	868.403	868.008	867.613	867.218	866.823
–32	874.325	873.930	873.535	873.141	872.746	872.351	871.956	871.561	871.166	870.772
–31	878.272	877.877	877.483	877.088	876.693	876.299	875.904	875.509	875.114	874.720
–30	882.217	881.823	881.428	881.034	880.639	880.245	879.850	879.456	879.061	878.667
–29	886.161	885.766	885.372	884.978	884.583	884.189	883.795	883.400	883.006	882.611
–28	890.103	889.709	889.315	888.920	888.526	888.132	887.738	887.344	886.949	886.555
–27	894.044	893.650	893.256	892.862	892.468	892.074	891.679	891.285	890.891	890.497
–26	897.985	897.591	897.197	896.803	896.409	896.015	895.620	895.226	894.832	894.438
–25	901.923	901.529	901.135	900.742	900.348	899.954	899.560	899.166	898.773	898.379

续表

−24	905.861	905.467	905.073	904.680	904.286	903.892	903.498	903.104	902.711	902.317
−23	909.798	909.404	909.011	908.617	908.223	907.830	907.436	907.042	906.648	906.255
−22	913.733	913.340	912.946	912.553	912.159	911.766	911.372	910.979	910.585	910.192
−21	917.666	917.273	916.879	916.486	916.093	915.700	915.306	914.913	914.520	914.126
−20	921.599	921.206	920.812	920.419	920.026	919.633	919.239	918.846	918.453	918.059
−19	925.531	925.138	924.745	924.351	923.958	923.565	923.172	922.779	922.385	921.992
−18	929.460	929.067	928.674	928.281	927.888	927.496	927.103	926.710	926.317	925.924
−17	933.390	932.997	932.604	932.211	931.818	931.425	931.032	930.639	930.246	929.853
−16	937.317	936.924	936.532	936.139	935.746	935.354	934.961	934.568	934.175	933.783
−15	941.244	940.851	940.459	940.066	939.673	939.281	938.888	938.495	938.102	937.710
−14	945.170	944.777	944.385	943.992	943.600	943.207	942.814	942.422	942.029	941.637
−13	949.094	948.702	948.309	947.917	947.524	947.132	946.740	946.347	945.955	945.562
−12	953.016	952.624	952.232	951.839	951.447	951.055	950.663	950.271	949.878	949.486
−11	956.938	956.546	956.154	955.761	955.369	954.977	954.585	954.193	953.800	953.408
−10	960.859	960.467	960.075	959.683	959.291	958.899	958.506	958.114	957.722	957.330
−9	964.779	964.387	963.995	963.603	963.211	962.819	962.427	962.035	961.643	961.251
−8	968.697	968.305	967.913	967.522	967.130	966.738	966.346	965.954	965.563	965.171
−7	972.614	972.222	971.831	971.439	971.047	970.656	970.264	969.872	969.480	969.089
−6	976.529	976.138	975.746	975.355	974.963	974.572	974.180	973.789	973.397	973.006
−5	980.444	980.053	979.662	979.270	978.879	978.487	978.096	977.704	977.313	976.921
−4	984.358	983.967	983.575	983.184	982.793	982.401	982.010	981.618	981.227	980.835
−3	988.270	987.879	987.488	987.096	986.705	986.314	985.923	985.532	985.140	984.749
−2	992.181	991.790	991.399	991.008	990.617	990.226	989.834	989.443	989.052	988.661
−1	996.091	995.700	995.309	994.918	994.527	994.136	993.745	993.354	992.963	992.572
0	1000.000	1000.391	1000.782	1001.172	1001.563	1001.954	1002.345	1002.736	1003.126	1003.517
1	1003.908	1004.298	1004.689	1005.080	1005.470	1005.861	1006.252	1006.642	1007.033	1007.424
2	1007.814	1008.205	1008.595	1008.986	1009.377	1009.767	1010.158	1010.548	1010.939	1011.329
3	1011.720	1012.110	1012.501	1012.891	1013.282	1013.672	1014.062	1014.453	1014.843	1015.234
4	1015.624	1016.014	1016.405	1016.795	1017.185	1017.576	1017.966	1018.356	1018.747	1019.137
5	1019.527	1019.917	1020.308	1020.698	1021.088	1021.478	1021.868	1022.259	1022.649	1023.039
6	1023.429	1023.819	1024.209	1024.599	1024.989	1025.380	1025.770	1026.160	1026.550	1026.940
7	1027.330	1027.720	1028.110	1028.500	1028.890	1029.280	1029.670	1030.060	1030.450	1030.840
8	1031.229	1031.619	1032.009	1032.399	1032.789	1033.179	1033.569	1033.958	1034.348	1034.738
9	1035.128	1035.518	1035.907	1036.297	1036.687	1037.077	1037.466	1037.856	1038.246	1038.636
10	1039.025	1039.415	1039.805	1040.194	1040.584	1040.973	1041.363	1041.753	1042.142	1042.532

续表

11	1042.921	1043.311	1043.701	1044.090	1044.480	1044.869	1045.259	1045.648	1046.038	1046.427
12	1046.816	1047.206	1047.595	1047.985	1048.374	1048.764	1049.153	1049.542	1049.932	1050.321
13	1050.710	1051.099	1051.489	1051.878	1052.268	1052.657	1053.046	1053.435	1053.825	1054.214
14	1054.603	1054.992	1055.381	1055.771	1056.160	1056.549	1056.938	1057.327	1057.716	1058.105
15	1058.495	1058.884	1059.273	1059.662	1060.051	1060.440	1060.829	1061.218	1061.607	1061.996
16	1062.385	1062.774	1063.163	1063.552	1063.941	1064.330	1064.719	1065.108	1065.496	1065.885
17	1066.274	1066.663	1067.052	1067.441	1067.830	1068.218	1068.607	1068.996	1069.385	1069.774
18	1070.162	1070.551	1070.940	1071.328	1071.717	1072.106	1072.495	1072.883	1073.272	1073.661
19	1074.049	1074.438	1074.826	1075.215	1075.604	1075.992	1076.381	1076.769	1077.158	1077.546
20	1077.935	1078.324	1078.712	1079.101	1079.489	1079.877	1080.266	1080.654	1081.043	1081.431
21	1081.820	1082.208	1082.596	1082.985	1083.373	1083.762	1084.150	1084.538	1084.926	1085.315
22	1085.703	1086.091	1086.480	1086.868	1087.256	1087.644	1088.033	1088.421	1088.809	1089.197
23	1089.585	1089.974	1090.362	1090.750	1091.138	1091.526	1091.914	1092.302	1092.690	1093.078
24	1093.467	1093.855	1094.243	1094.631	1095.019	1095.407	1095.795	1096.183	1096.571	1096.959
25	1097.347	1097.734	1098.122	1098.510	1098.898	1099.286	1099.674	1100.062	1100.450	1100.838
26	1101.225	1101.613	1102.001	1102.389	1102.777	1103.164	1103.552	1103.940	1104.328	1104.715
27	1105.103	1105.491	1105.879	1106.266	1106.654	1107.042	1107.429	1107.817	1108.204	1108.592
28	1108.980	1109.367	1109.755	1110.142	1110.530	1110.917	1111.305	1111.693	1112.080	1112.468
29	1112.855	1113.242	1113.630	1114.017	1114.405	1114.792	1115.180	1115.567	1115.954	1116.342
30	1116.729	1117.117	1117.504	1117.891	1118.279	1118.666	1119.053	1119.441	1119.828	1120.215
31	1120.602	1120.990	1121.377	1121.764	1122.151	1122.538	1122.926	1123.313	1123.700	1124.087
32	1124.474	1124.861	1125.248	1125.636	1126.023	1126.410	1126.797	1127.184	1127.571	1127.958
33	1128.345	1128.732	1129.119	1130.127	1129.893	1130.280	1130.667	1131.054	1131.441	1131.828
34	1132.215	1132.602	1132.988	1133.375	1133.762	1134.149	1134.536	1134.923	1135.309	1135.696
35	1136.083	1136.470	1136.857	1137.243	1137.630	1138.017	1138.404	1138.790	1139.177	1139.564
36	1139.950	1140.337	1140.724	1141.110	1141.497	1141.884	1142.270	1142.657	1143.043	1143.430
37	1143.817	1144.203	1144.590	1144.976	1145.363	1145.749	1146.136	1146.522	1146.909	1147.295
38	1147.681	1148.068	1148.454	1148.841	1149.227	1149.614	1150.000	1150.386	1150.773	1151.159
39	1151.545	1151.932	1152.318	1152.704	1153.091	1153.477	1153.863	1154.249	1154.636	1155.022
40	1155.408	1155.794	1156.180	1156.567	1156.953	1157.339	1157.725	1158.111	1158.497	1158.883
41	1159.270	1159.656	1160.042	1160.428	1160.814	1161.200	1161.586	1161.972	1162.358	1162.744
42	1163.130	1163.516	1163.902	1164.288	1164.674	1165.060	1165.446	1165.831	1166.217	1166.603
43	1166.989	1167.375	1167.761	1168.147	1168.532	1168.918	1169.304	1169.690	1170.076	1170.461
44	1170.847	1171.233	1171.619	1172.004	1172.390	1172.776	1173.161	1173.547	1173.933	1174.318
45	1174.704	1175.090	1175.475	1175.861	1176.247	1176.632	1177.018	1177.403	1177.789	1178.174

续表

46	1178.560	1178.945	1179.331	1179.716	1180.102	1180.487	1180.873	1181.258	1181.644	1182.029
47	1182.414	1182.800	1183.185	1183.571	1183.956	1184.341	1184.727	1185.112	1185.597	1185.883
48	1186.268	1186.653	1187.038	1187.424	1187.809	1188.194	1188.579	1188.965	1189.350	1189.735
49	1190.120	1190.505	1190.890	1191.276	1191.661	1192.046	1192.431	1192.816	1193.201	1193.586
50	1193.971	1194.356	1194.741	1195.126	1195.511	1195.896	1196.281	1196.666	1197.051	1197.436
51	1197.821	1198.206	1198.591	1198.976	1199.361	1199.746	1200.131	1200.516	1200.900	1201.285
52	1201.670	1202.055	1202.440	1202.824	1203.209	1203.594	1203.979	1204.364	1204.748	1205.133
53	1205.518	1205.902	1206.287	1206.672	1207.056	1207.441	1207.826	1208.210	1208.595	1208.980
54	1209.364	1209.749	1210.133	1210.518	1210.902	1211.287	1211.672	1212.056	1212.441	1212.825
55	1213.210	1213.594	1213.978	1214.363	1214.747	1215.120	1215.516	1215.901	1216.285	1216.669
56	1217.054	1217.438	1217.822	1218.207	1218.591	1218.975	1219.360	1219.744	1220.128	1220.513
57	1220.897	1221.281	1221.665	1222.049	1222.434	1222.818	1223.202	1223.586	1223.970	1224.355
58	1224.739	1225.123	1225.507	1225.891	1226.275	1226.659	1227.043	1227.427	1227.811	1228.195
59	1228.579	1228.963	1229.347	1229.731	1230.115	1230.499	1230.883	1231.267	1231.651	1232.035
60	1232.419	1232.803	1233.187	1233.571	1233.955	1234.338	1234.722	1235.106	1235.490	1235.874
61	1236.257	1236.641	1237.025	1237.409	1237.792	1238.176	1238.560	1238.944	1239.327	1239.711
62	1240.095	1240.478	1240.862	1241.246	1241.629	1242.030	1242.396	1242.780	1243.164	1243.547
63	1243.931	1244.314	1244.698	1245.081	1245.465	1245.848	1246.232	1246.615	1246.999	1247.382
64	1247.766	1248.149	1248.533	1248.916	1249.299	1249.683	1250.066	1250.450	1250.833	1251.216
65	1251.600	1251.983	1252.366	1252.749	1253.133	1253.516	1253.899	1254.283	1254.666	1255.049
66	1255.432	1255.815	1256.199	1256.582	1256.965	1257.348	1257.731	1258.114	1258.497	1258.881
67	1259.264	1259.647	1260.030	1260.413	1260.796	1261.179	1261.562	1261.945	1262.328	1262.711
68	1263.094	1263.477	1263.860	1264.243	1264.626	1265.009	1265.392	1265.775	1266.157	1266.540
69	1266.923	1267.306	1267.689	1268.072	1268.455	1268.837	1269.220	1269.603	1269.986	1270.368
70	1270.751	1271.134	1271.517	1271.899	1272.282	1272.665	1273.048	1273.430	1273.813	1274.195
71	1274.578	1274.691	1274.803	1274.916	1275.029	1275.141	1275.254	1275.366	1275.479	1275.591
72	1278.404	1278.786	1279.169	1279.551	1279.934	1280.316	1280.699	1281.081	1281.464	1281.846
73	1282.228	1282.611	1282.993	1283.376	1283.758	1284.140	1284.523	1284.905	1285.287	1285.670
74	1286.052	1286.434	1286.816	1287.199	1287.581	1287.963	1288.345	1288.728	1289.110	1289.492
75	1289.874	1290.256	1290.638	1291.021	1291.403	1291.785	1292.167	1292.549	1292.931	1293.313
76	1293.695	1294.077	1294.459	1294.841	1295.223	1295.605	1295.987	1296.369	1296.751	1297.133
77	1297.515	1297.897	1298.279	1298.661	1299.043	1299.425	1299.807	1300.188	1300.570	1300.952
78	1301.334	1301.716	1302.098	1302.479	1302.861	1303.243	1303.625	1304.006	1304.388	1304.770
79	1305.152	1305.533	1305.915	1306.297	1306.678	1307.060	1307.442	1307.823	1308.205	1308.586
80	1308.968	1309.350	1309.731	1310.113	1310.494	1310.876	1311.270	1311.639	1312.020	1312.402

续表

81	1312.783	1313.165	1313.546	1313.928	1314.309	1314.691	1315.072	1315.453	1315.835	1316.216
82	1316.597	1316.979	1317.360	1317.742	1318.123	1318.504	1318.885	1319.267	1319.648	1320.029
83	1320.411	1320.792	1321.173	1321.554	1321.935	1322.316	1322.697	1323.079	1323.460	1323.841
84	1324.222	1324.603	1324.985	1325.366	1325.747	1326.128	1326.509	1326.890	1327.271	1327.652
85	1328.033	1328.414	1328.795	1329.176	1329.557	1329.938	1330.319	1330.700	1331.081	1331.462
86	1331.843	1332.224	1332.604	1332.985	1333.366	1333.747	1334.128	1334.509	1334.889	1335.270
87	1335.651	1336.032	1336.413	1336.793	1337.174	1337.555	1337.935	1338.316	1338.697	1339.078
88	1339.458	1335.839	1332.220	1328.600	1324.981	1321.361	1317.742	1314.123	1310.503	1306.884
89	1343.264	1343.645	1344.025	1344.406	1344.786	1345.167	1345.570	1345.928	1346.308	1346.689
90	1347.069	1347.450	1347.830	1348.211	1348.591	1348.971	1349.352	1349.732	1350.112	1350.493
91	1350.873	1351.253	1351.634	1352.014	1352.394	1352.774	1353.155	1353.535	1353.915	1354.295
92	1354.676	1355.056	1355.436	1355.816	1356.196	1356.577	1356.957	1357.337	1357.717	1358.097
93	1358.477	1358.857	1359.237	1359.617	1359.997	1360.377	1360.757	1361.137	1361.517	1361.897
94	1362.277	1362.657	1363.037	1363.417	1363.797	1364.177	1364.557	1364.937	1365.317	1365.697
95	1366.077	1366.456	1366.836	1367.216	1367.596	1367.976	1368.355	1368.735	1369.115	1369.495
96	1369.875	1370.254	1370.634	1371.014	1371.393	1371.773	1372.153	1372.532	1372.912	1373.292
97	1373.671	1374.051	1374.431	1374.810	1375.190	1375.569	1375.949	1376.329	1376.708	1377.088
98	1377.467	1377.847	1378.226	1378.606	1378.985	1379.365	1379.744	1380.123	1380.503	1380.882
99	1381.262	1381.641	1382.020	1382.400	1382.779	1383.158	1383.538	1383.917	1384.296	1384.676
100	1385.055									
	0	1	2	3	4	5	6	7	8	9
100	1385.055	1388.847	1392.638	1396.428	1400.217	1404.005	1407.791	1411.576	1415.360	1419.143
110	1422.925	1426.706	1430.485	1434.264	1438.041	1441.817	1445.592	1449.366	1453.138	1456.910
120	1460.680	1464.449	1468.217	1471.984	1475.750	1479.514	1483.277	1487.040	1490.801	1494.561
130	1498.319	1502.077	1505.833	1509.589	1513.343	1517.096	1520.847	1524.598	1528.381	1532.139
140	1535.843	1539.589	1543.334	1547.078	1550.820	1554.562	1558.302	1562.041	1565.779	1569.516
150	1573.251	1576.986	1580.719	1584.451	1588.182	1591.912	1595.641	1599.368	1603.094	1606.820
160	1610.544	1614.267	1617.989	1621.709	1625.429	1629.147	1632.864	1636.580	1640.295	1644.009
170	1647.721	1651.433	1655.143	1658.852	1662.560	1666.267	1669.972	1673.677	1677.380	1681.082
180	1684.783	1688.483	1692.181	1695.879	1699.575	1703.271	1706.965	1710.658	1714.349	1718.040
190	1721.729	1725.418	1729.105	1732.791	1736.475	1740.159	1743.842	1747.523	1751.203	1754.882
200	1758.560	1762.237	1765.912	1769.587	1773.260	1776.932	1780.603	1784.273	1787.941	1791.610
210	1795.275	1798.940	1802.604	1806.267	1809.929	1813.590	1817.249	1820.907	1824.564	1828.220
220	1831.875	1835.529	1839.181	1842.832	1846.483	1850.132	1853.779	1857.426	1861.072	1864.716
230	1868.359	1872.001	1875.642	1879.282	1882.921	1886.558	1890.194	1893.830	1897.463	1901.096

续表

240	1904.728	1908.359	1911.988	1915.616	1919.243	1922.869	1926.494	1930.117	1933.740	1937.361
250	1940.981	1944.600	1948.218	1951.835	1955.450	1959.065	1962.678	1966.290	1969.901	1973.510
260	1977.119	1980.726	1984.333	1987.938	1991.542	1995.145	1998.746	2002.347	2005.946	2009.544
270	2013.141	2016.737	2020.332	2023.925	2027.518	2031.109	2034.699	2038.288	2041.876	2045.463
280	2049.048	2052.632	2056.215	2059.798	2063.378	2066.958	2070.537	2074.114	2077.690	2081.265
290	2084.839	2088.412	2091.984	2095.554	2099.123	2102.692	2106.259	2109.824	2113.389	2116.953
300	2120.515									

附录C DRAK8000 电磁式热能表安装使用说明

一、DRAK系列接线端子和连线如附图F-1。

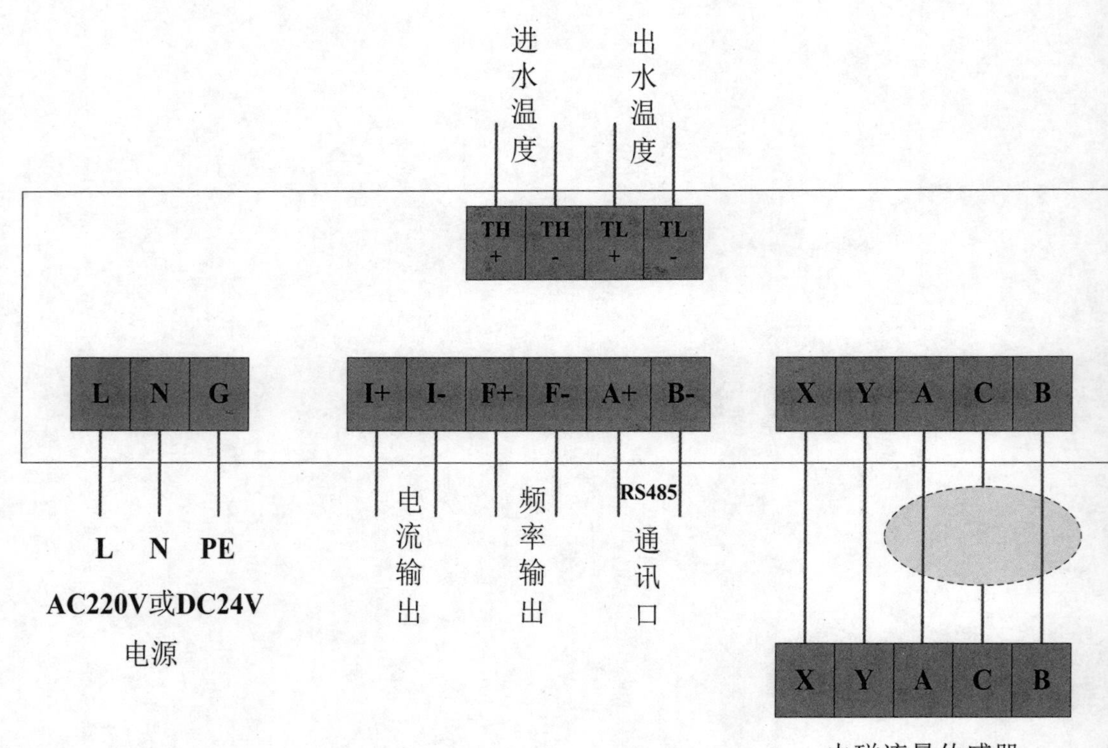

附图F-1 运算转换器接线图

二、DRAK系列面板结构与定义：

2.1 面板结构示意图如附图F-2。

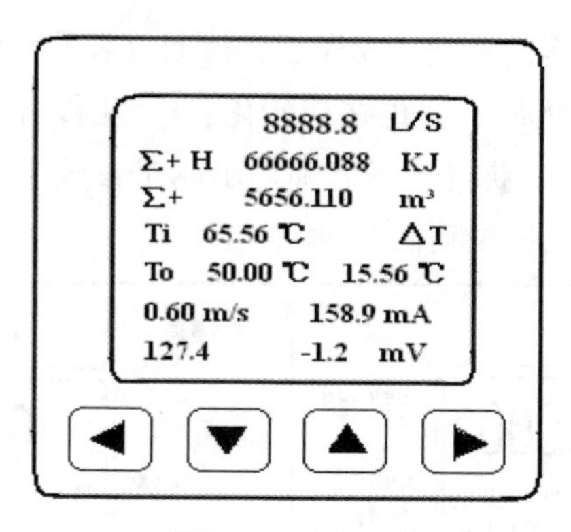

附图F-2 面板结构

2.2 操作按键定义

2.2.1 测量模式下键盘操作：

"↑" 键：切换显示画面，进入参数设置（详细组态）

"↓" 键：进入菜单操作上锁、解锁面板结构示意图

"←" 键：从参数设置中退出

"→" 键：进入菜单：基本组态 系统组态 仪表校准 仪表检验 ……

"←↑" 键：增加显示屏对比度（先按"←"键再按"↑"键）

"←↓" 键：减小显示屏对比度（先按"←"键再按"↓"键）

"←→" 键：零点自动校准（同时按下"←→" 键）

2.2.2 标定模式下键盘操作：（厂家信息）

"←" 键：参数修改时确认并返回上级菜单

"→" 键：进入下级菜单、设置参数时移动数位

"↑" 键：参数修改时数值增加

"↓" 键：参数修改时数值减小

"←↑" 键：增加显示屏对比度（先按"←"键再按"↑"键）

"←↓" 键：减小显示屏对比度（先按"←"键再按"↓"键）

"←→" 键：零点自动校准（同时按下"←→" 键）

2.3 测量参数画面

在完成仪表的各项连接并确认无误后，接通仪表的电源。此时仪表即自动进行初始化操作，显示屏将显示“正在初始化”，几秒后仪表进入测量状态。客户按触“↑”键可以逐一获得如下五幅显示测量参数（主页面、热量页面、冷量页面、温度页面、停电记录页面）画面：

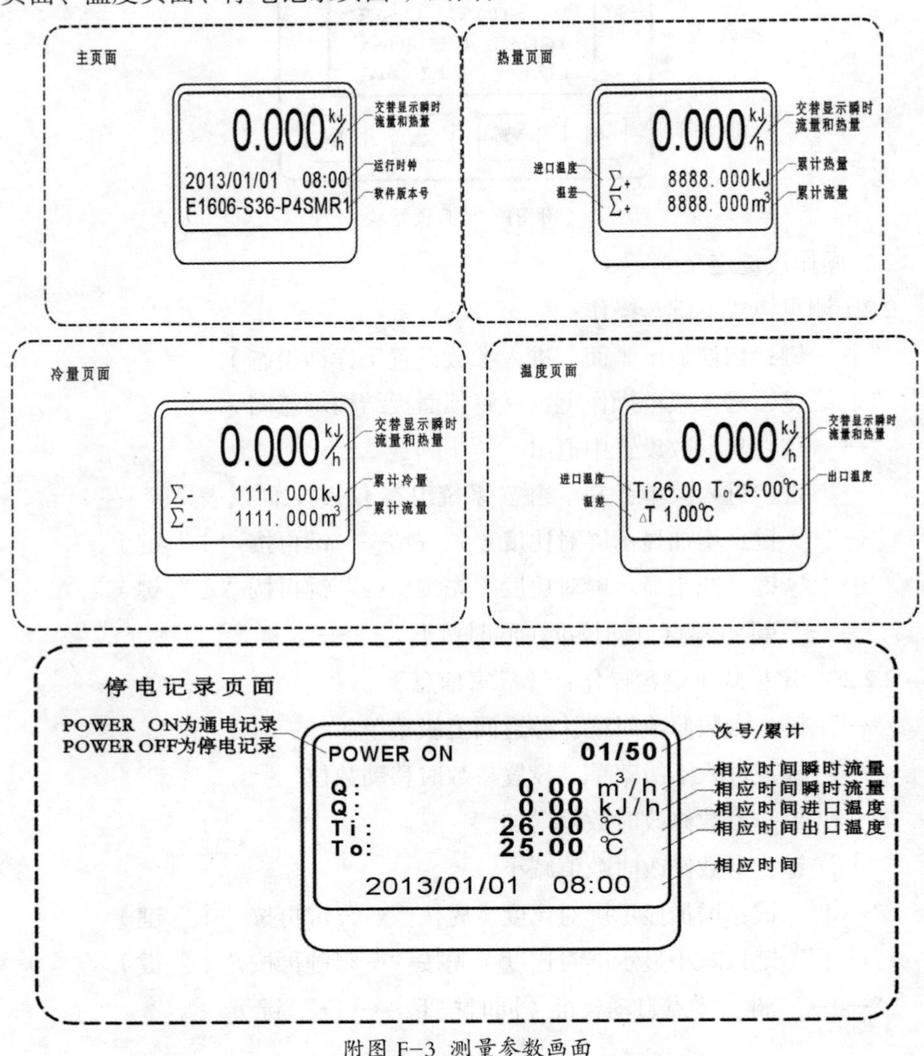

附图 F-3 测量参数画面

在通电记录页面可以短触←或者→键切换记录次数，可以短触↓键查阅更多相应的时间参数，包括相应时间的瞬时流量、瞬时热量、进口温度、出口温度、累计流量、累计热量，短触↑键切换到其他页面。

在主页面、热量页面、冷量页面、温度页面可以短触→键进入菜单，进行各项参数设置，普通用户请勿设置。

仪表正式开始运行时，如即使确认管路中充满流体而仪表始终出现“空管”报警的状态，则表示管路中被测流体的电导率与出厂检定“空管校正”时流体的电导率存在差异，这只需将仪表的“空管灵敏度”设置为“0”即可解决。这一操作不影响仪表的任何性能，更不影响仪表的测量精度。

三、菜单操作

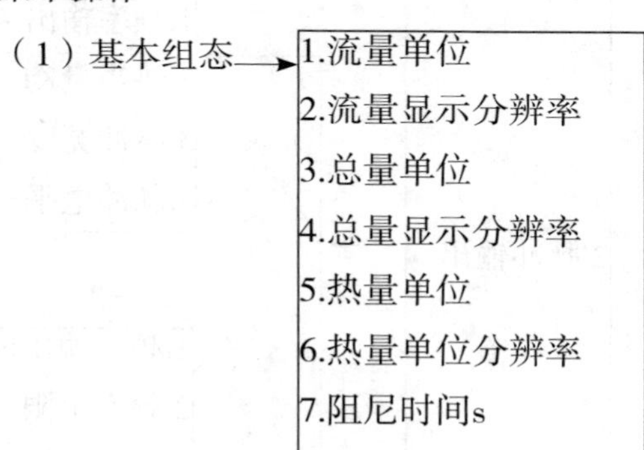

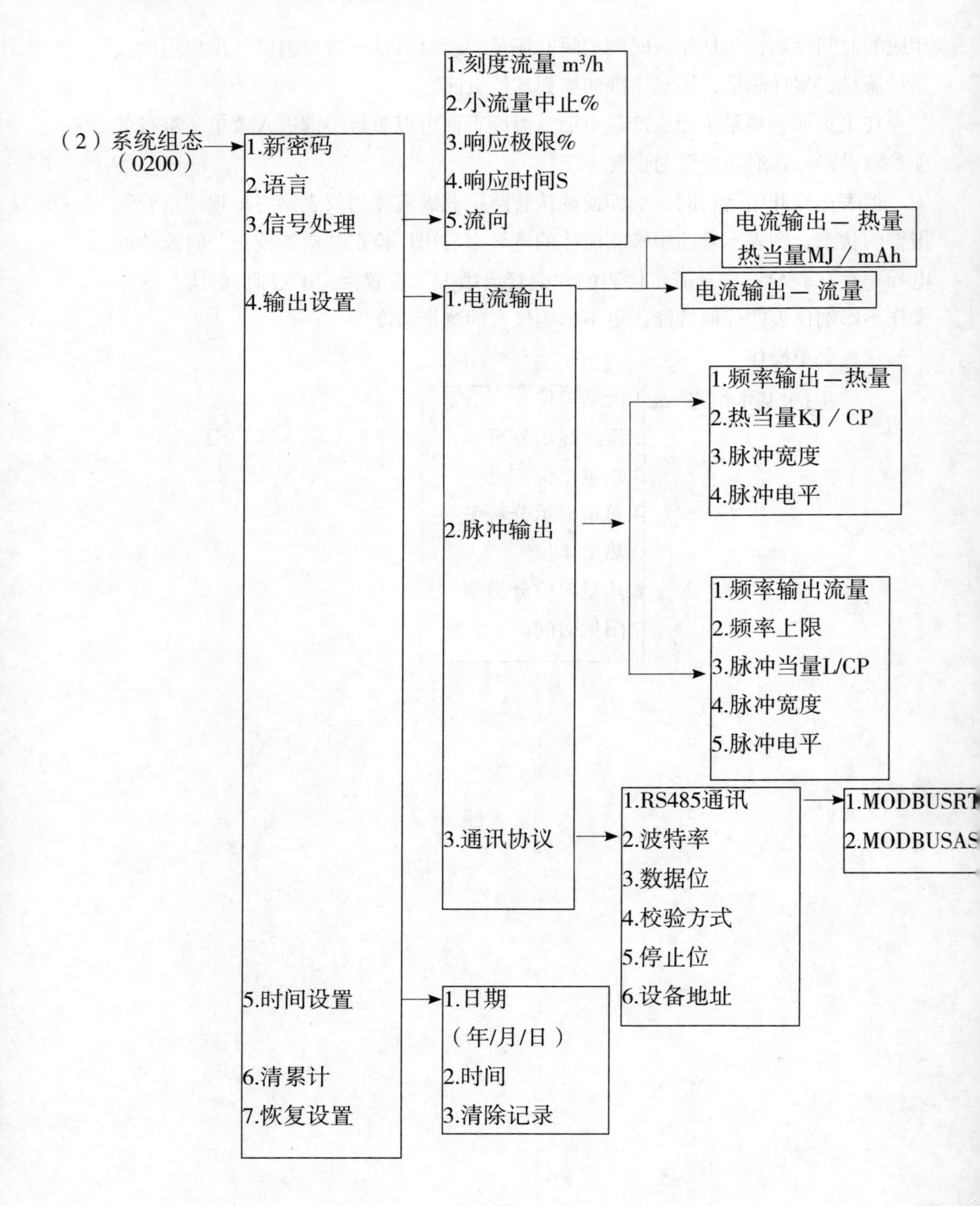
（2）系统组态
（0200）
1.新密码
2.语言
3.信号处理
4.输出设置
5.时间设置
6.清累计
7.恢复设置
1.刻度流量 m³/h
2.小流量中止%
3.响应极限%
4.响应时间S
5.流向
1.电流输出
2.脉冲输出
3.通讯协议
电流输出－热量
热当量MJ / mAh
电流输出－流量
1.频率输出－热量
2.热当量KJ / CP
3.脉冲宽度
4.脉冲电平
1.频率输出流量
2.频率上限
3.脉冲当量L/CP
4.脉冲宽度
5.脉冲电平
1.RS485通讯
2.波特率
3.数据位
4.校验方式
5.停止位
6.设备地址
1.MODBUSRT
2.MODBUSAS
1.日期
（年/月/日）
2.时间
3.清除记录

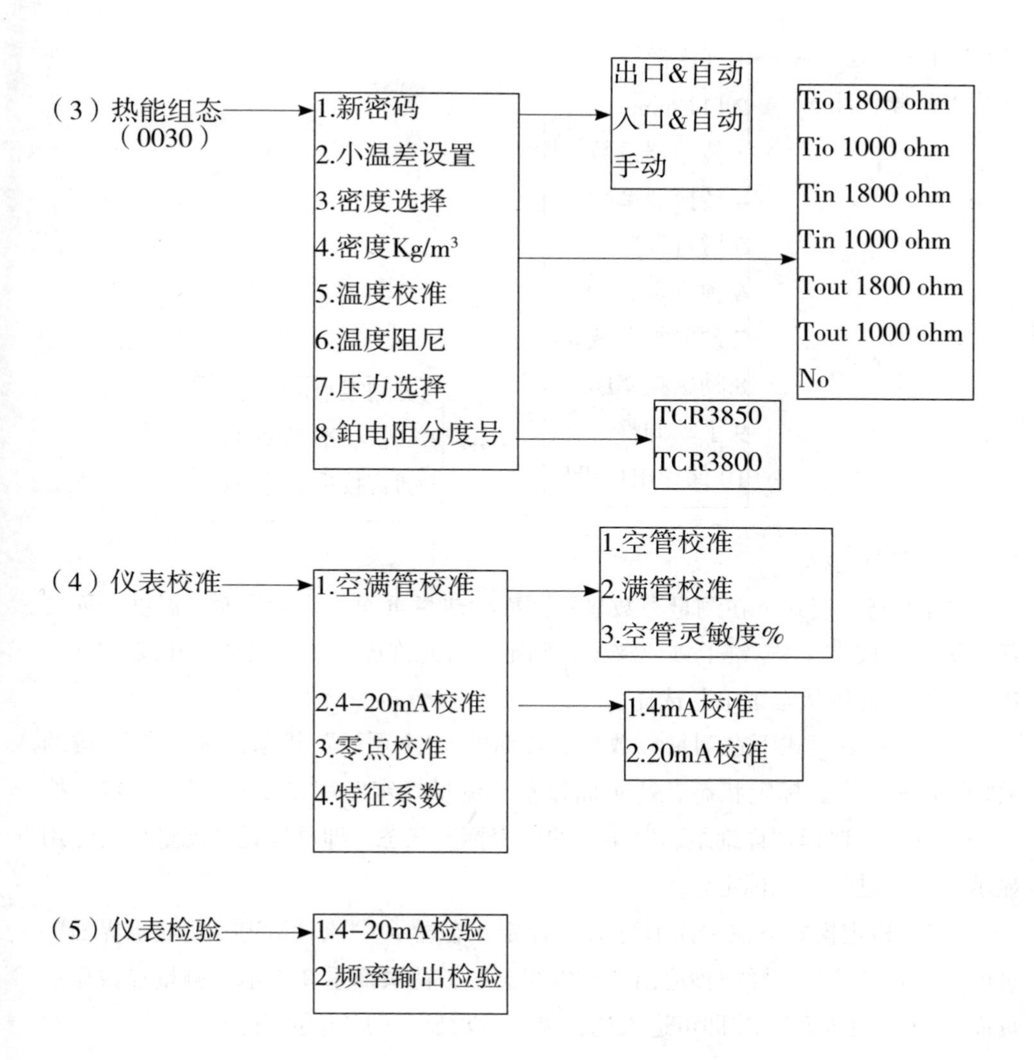
（3）热能组态
（0030）
1.新密码
2.小温差设置
3.密度选择
4.密度Kg/m³
5.温度校准
6.温度阻尼
7.压力选择
8.铂电阻分度号
出口&自动
入口&自动
手动
Tio 1800 ohm
Tio 1000 ohm
Tin 1800 ohm
Tin 1000 ohm
Tout 1800 ohm
Tout 1000 ohm
No
TCR3850
TCR3800
（4）仪表校准
1.空满管校准
2.4-20mA校准
3.零点校准
4.特征系数
1.空管校准
2.满管校准
3.空管灵敏度%
1.4mA校准
2.20mA校准
（5）仪表检验
1.4-20mA检验
2.频率输出检验

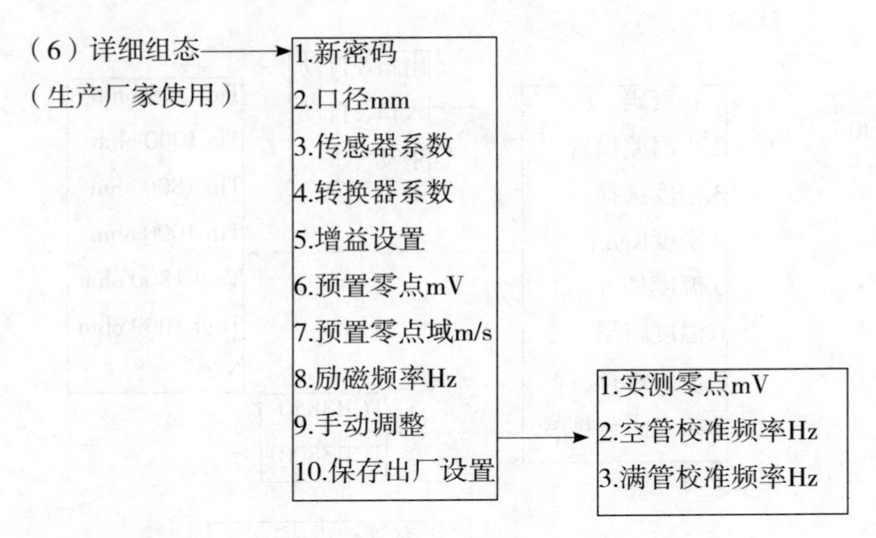

3.2 菜单选择

（1）测量模式下在测量参数显示页面的热量页面、冷量页面、温度页面的任一页面，按“↓”键上锁或解锁，确定是否允许进入菜单选择。并按“→”进入“测量使用状态菜单”选择。

（2）测量模式下在测量参数显示页面的“主页面”状态，按“↑”键约3秒确定进入仪表标定状态，待页面显示“流量检定专用显示界面”，然后按“→”进入并选择“详细组态”菜单的仪表标定状态，即可依托“流量检定专用显示界面”进行实流标定。

（3）检定模式下在“详细组态”标定状态显示“流量检定专用显示界面”页面时，按“↑”键约3秒退出“详细组态”，待页面重新显示“测量参数显示页面”的“主页面”，即可进入选择测量参数显示的各个页面。

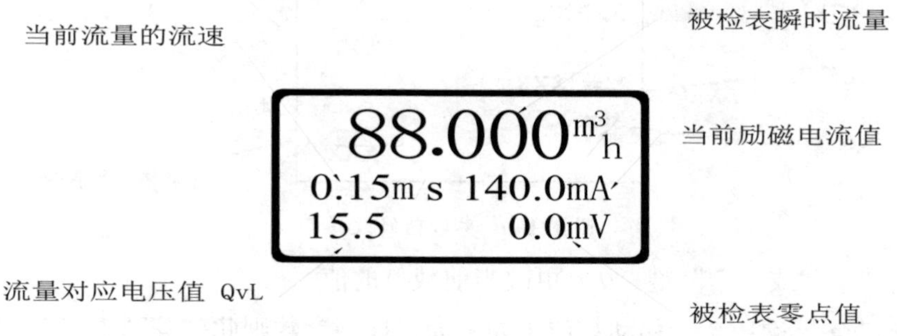

当前流量的流速
被检表瞬时流量
88.000 m³/h
当前励磁电流值
0.15m/s 140.0mA
15.5 0.0mV
流量对应电压值 QvL
被检表零点值

附图 F-4　流量检定专用显示界面

（4）测量模式下进入参数设置：

按“→”键进入菜单：基本组态 系统组态 仪表校准 仪表检验 详细组态 设备信息进入参数设置后，显示主菜单界面如附图 F-5。

表示上面还有菜单项
当前选中的菜单项
表示还有子菜单项
基本组态
系统组态
仪表校准
仪表检验
表示下面还有菜单项

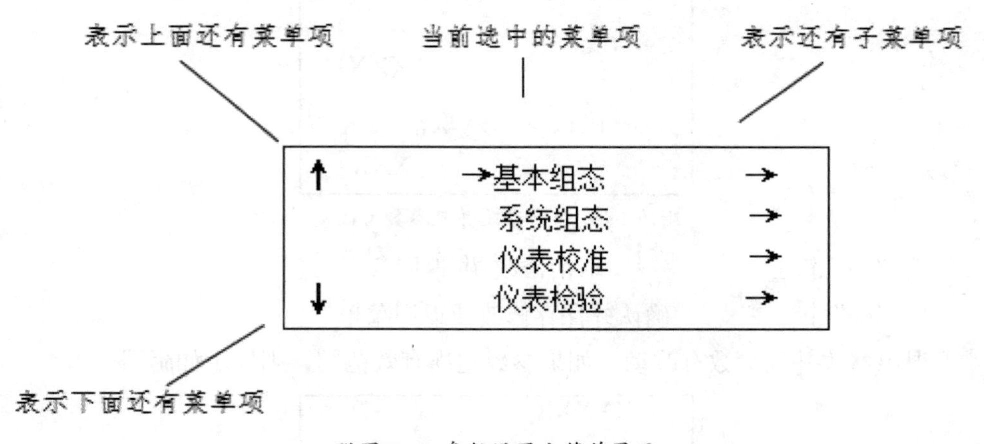

附图 F-5 参数设置主菜单界面

按“↓”或“↑”键：　选择菜单项

按“→”键：　进入下级菜单，或进入参数项进行参数设置

按“←”键：　返回上级菜单，或确认并保存当前修改好的参数

3.3 修改参数值

进入参数值修改页面后，提示：

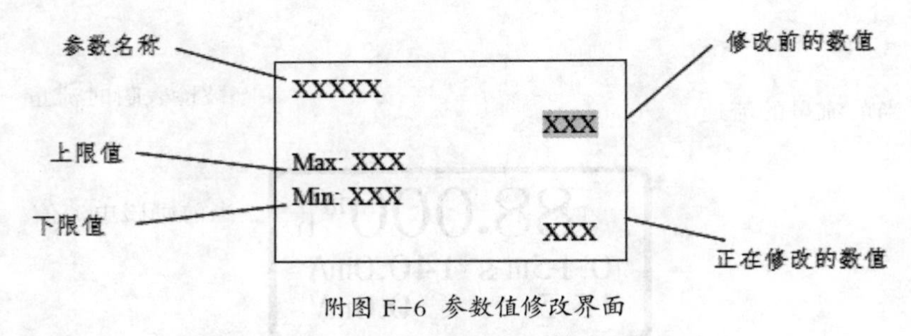

附图 F-6 参数值修改界面

按“↓”或“↑”键：　　更改当前数位的值

按“→”键：　　移动数位（如果为选择型参数则此键等同于“↑”键）

按“←”键：　　退出修改

注：选择型或数字型的参数则没有上限值和下限值的提示

退出修改并且参数没有改动，则返回菜单

退出修改并且参数有改动，则提示：

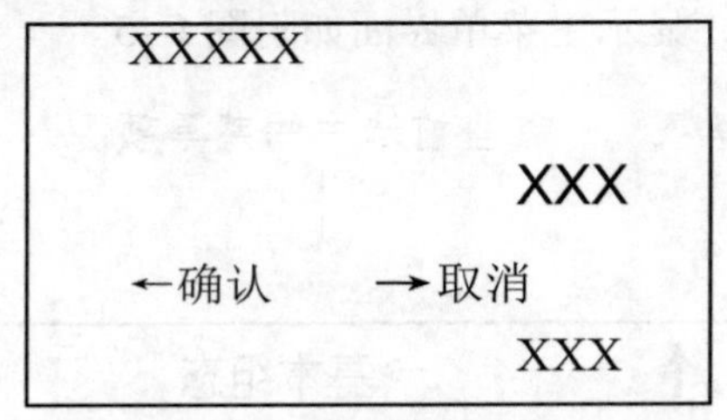

附图 F-7 退出修改并且参数有改动

按“→”键：　　取消修改 并 返回菜单

按“←”键：　　确认并保存修改或返回菜单

退出修改并且参数有改动，如果参数超出有效范围，则提示如附图 F-8。

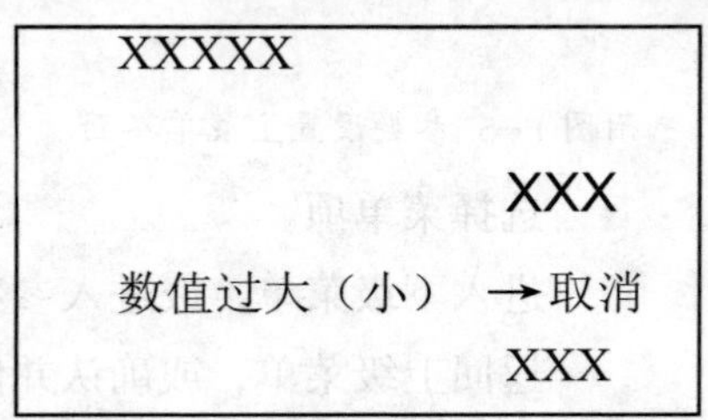

附图 F-8 参数超出有效范围

按“→”键：　　取消修改 并 返回菜单

按“←”键：　　回到上一级 继续修改

四、参数设置及使用

“零点校准”

电磁流量计在实际投入运行时，为获得精确的测量结果，应进行零点校准。

“零点校准”的含义就是将当前实际流量设定为“零”流量时，对流量计的工作零点进行调整。在进行零点校准操作时，必须确保当前测量管道内充满介质并静止。

电磁转换器具备两种零点校准方式：

（1）快速零点校准

快速调零就是在确保测量管内充满介质，并使被测量介质静止时，同时按下“←”键和“→”键，此时转换器将进入流量计的“零点校准”程序，显示屏显示如附图 F–9 。

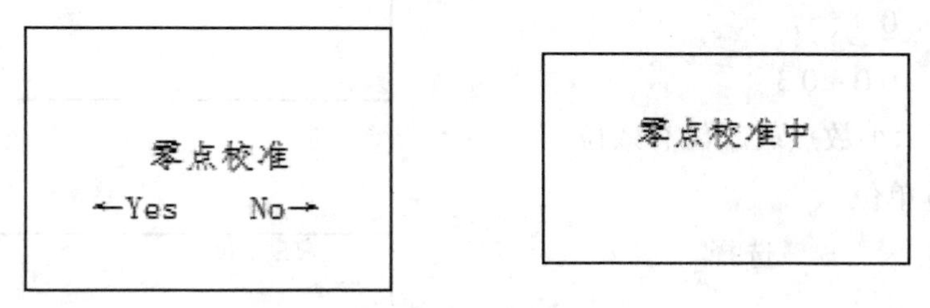

附图 F–9　快速零点校准

此时按“→”键，转换器将取消“零点校准”工作并退回到流量测量模式；此时若按“←”键，转换器进入调零状态，并显示如下调零等待界面：

待调零结束后，转换器将自动返回到流量测量模式。

（2）“仪表校准”过程中进行“零点校准”

在“仪表校准”过程中进行零点校准的要求同快速零点校准，必须确保在测量管内充满介质，并使被测量介质静止时进行。

首先进入“仪表校准”的“零点校准”界面：

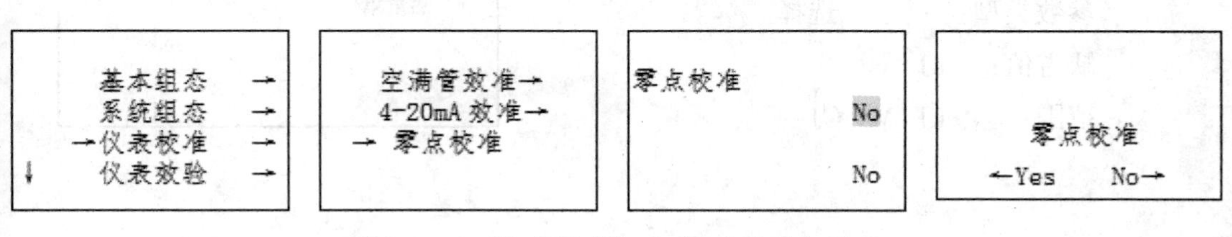

附图 F–10　“仪表校准”的“零点校准”界面

用“↑”或“↓”键选择Yes后，按“←” 键后进入零点校准的再次确认界面，以后操作步骤同“快速调零”。

4.1 “基本组态”项设置

4.1.1 流量单位

参数类型：　　　选择

缺省值：　m^3/h

范围：　L/s　L/m　L/h　m^3/s

M^3/m　m^3/h　G/s　G /m　G/h

流量单位
m^3/h
m^3/h

4.1.2 流量显示分辨率

参数类型：　　　数字

缺省值：　0 0

范围：　0 0 ~ 0 3

注：03表示小数点后三位有效位

流量显示分辨率
0 3
0 3

4.1.3 总量单位

参数类型：　　　选择

缺省值：　m^3

范围：　L　m^3　G

总量单位
m^3
m^3

4.1.4总量显示分辨率

参数类型：　　　数字

缺省值：　0 0

范围：　0 0 ~ 0 3

注：03表示小数点后三位有效位

总量显示分辨率
0 3
0 3

4.1.5 热量单位

参数类型：　　　选择

缺省值：　kJ

范围：　kJ　MJ　GJ

热量单位
KJ
KJ

4.1.6 热量显示分辨率

参数类型：　　　数字

缺省值：　0 0

范围：　　0 0 ~ 0 3

注：03表示小数点后三位有效位

热量显示分辨率
0 3
0 3

4.1.7 阻尼时间s

参数类型：　　　定点小数

缺省值：　1.0

范围：　　99.9 － 0.1

阻尼时间s
1.0
Max: 99.9
Min: 0.1
1.0

4.2 "系统组态"项设置

4.2.1 信号处理

4.2.1.1刻度流量m^3/h

参数类型：　　　浮点小数

缺省值：　100.0

范围：　　m － n

刻度流量m^3/h
x. x
Max: m
Min: n
x. x

刻度流量上限m：　当前口径的15m/s流速

刻度流量下限n：　当前口径的0.1m/s流速

m　　= （D*D）/ 23.6　　　　　　D—口径（mm）

n　　= （D*D）/ 3540.0

刻度流量是指在流量达到所设定值时，电流输出为20mA，频率输出为"频率输出"的设定值；改变此参数将会影响：电流输出 频率输出

4.2.1.2小流量中止%

参数类型：　　　定点小数

缺省值：　0.0

范围：　　9.9 － 0.0

小流量中止%
0.0
Max: 9.9
Min: 0.0
0.0

例如：　假设刻度流量=100 m^3 /h

小流量中止=1.0 %

则：　　当瞬时流量<1 m^3 /h 时被切除

4.2.1.3响应极限%（定制功能）

响应极限%	
	0.0
Max：9.9	
Min：0.0	
	0.0

参数类型：　　定点小数

缺省值：　0.0

范围：　1.0 – 0.1

当遇到流体波动较大时，启用此参数，表示对流量波动的噪声幅度抑制能力，此数值越小，抑制越强。（此参数与响应时间配合使用）

如果此数值=0.0 则此功能关闭

4.2.1.4响应时间s（定制功能）

响应时间s	
	99.9
Max：99.9	
Min：0.0	
	0.0

参数类型：　　定点小数

缺省值：　0.0

范围：　99.9 – 0.0

当遇到流体波动较大时，启用此参数，表示对不同时间宽度的噪声的抑制能力（此参数与响应极限配合使用）

4.2.1.5流向

流向	
	正向
	正向

参数类型：　　选择

缺省值：　正向

范围：　正向 双向

当设置为正向时，反向流量将不被计量和显示，设置为双向时，则正反向流量均被计量和显示。

4.2.2 电流输出

4.2.2.1热（热当量 MJ／mAh）

1.000000
Max：999999
Min：0.00100
1.000000

参数类型：浮点小数

缺省值：　1.00000

范围：　999999 –0.00100

4.2.3 频率输出—热量

4.2.3.1 热（热脉冲当量 KJ／CP）热当量　KJ／mAh

Max：999999

Min： 0.00100

1.00000 1.00000

参数类型： 浮点小数

缺省值： 1.00000

范围： 999999—0.00100

4.2.4 频率输出—流量

4.2.4.1 频率上限Hz

频率上限 Hz
2000.0
Max: 10000.0
Min: 1000.0
2000.0

参数类型： 定点小数

缺省值： 2000.0

范围： 10000.0 - 1000.0

当前刻度流量所对应的输出频率

输出频率（Hz）=[当前流量（m^3/h）/刻度流量（m^3/h）]*频率上限（Hz）

4.2.4.2 脉冲当量L/P

脉冲当量L/P
x
Max: m
Min: 0.0
x

参数类型： 浮点小数

缺省值： 0.0

范围：m - 0.0

$$输出频率(Hz)=\frac{当前流量(m^3/h)/3.6}{脉冲当量(L/P)}=\frac{当前流量(L/s)}{脉冲当量(L/P)}$$

本仪表频率输出范围： 10000.0 - 0.006Hz 如超出此范围则输出相应的界限值

当脉冲当量=0.0时，则由“频率上限Hz”的设置决定频率输出

当脉冲当量>0.0时，则由“脉冲当量L/P”的设置决定频率输出

4.2.5 RS485通讯

4.2.5.1 通讯协议

通讯协议
MODBUS RTU
MODBUS RTU

参数类型： 选择

缺省值：MODBUS RTU

范围：MODBUS RTU 、MODBUS ASC

4.2.5.2 波特率

参数类型：　　选择

缺省值：　9600

范围：　1200 2400 4800 9600　通讯速率

波特率
9600
9600

4.2.5.3 校验方式

参数类型：　　选择

缺省值：无校验

范围：无校验/奇校验/偶校验 通讯校验方式

校验方式
无校验
无校验

4.2.5.4 设备地址

参数类型：　　数字

缺省值：　00

范围：　99 - 00

485通讯本机地址

设备地址
00
00

4.2.6 时间设置

4.2.6.1 日期设置（年/月/日）

参数类型：　　数字

缺省值：　000000

范围：　000000 ~ 999999

日期设置（年/月/日）
000000
000000

4.2.6.2时间设置（时/分/秒）

参数类型：　　数字

缺省值：　000000

范围：　000000 ~ 999999

时间设置（时/分/秒）
000000
000000

4.2.6.3 清除记录

参数类型：　　选择

缺省值：　No

范围：　No　Yes

清除记录
No
No

4.2.7 清累计

参数类型：　　选择

缺省值：　No

范围：　No　Yes

将正反向累计总量归0

清累计
No
No

4.3 热能组态

4.3.1 小温差设置

参数类型：　　数字

缺省值：　3.0

范围：　1. 0 ~ 3.0

小温差设置
3. 0
3. 0

4.3.2 压力选择

参数类型：　　选择

缺省值：　0.6MPa

范围：　0.6MPa 1.6MPa

压力选择
0. 6MPa
0. 6MPa

4.3.3 密度选择

参数类型：　　选择

缺省值：　自动

范围：　自动 手动

密度选择
自动
自动

4.3.4 密度Kg / m³

参数类型： 定点小数

缺省值： 1000.00

范围： 1100.00~900.00

密度kg / m³
1000.00
Max: 1100.00
Min: 900.00
1000.00
0.6MPa

4.3.5 温度阻尼S

参数类型： 定点小数

缺省值： 01.0

范围： 99.9~0.1

温度阻尼S
01.0
Max: 99.9
Min: 0.1
01.0

4.3.6 温度校准（制造厂专用）

参数类型： 选择

缺省值： NO

范围： 1000℃ 、1800℃

温度校准
NO
NO

4.4 仪表校准

4.4.1 空满管校准

4.4.1.1空管校准

参数类型： 选择

缺省值： No

范围： No Yes

空管校准
No
No

确认测量管处于空管状态。执行此功能仪表将自动记录测量管在空管时的特征值

4.4.1.2 满管校准

参数类型： 选择

缺省值： No

范围： No Yes

满管校正
NO
NO

确认测量管处于满管状态， 执行此功能仪表将自动记录测量管在满管时的特征值

4.4.1.3 空管灵敏度 %

参数类型： 定点小数

缺省值： 0.0

空管灵敏度%

0.0

Max: 99.9

Min: 0.0

0.0

范围：　　99.9—0.0

空管灵敏度，数值越大，空管检测越灵敏

4.4.2　4-20 mA校准

4.4.2.1　4 mA校准

4mA校准	
	x
Max: 4.5	
Min: 3.5	
	y

参数类型：　　　定点小数

缺省值：　4.0000

范围：　　4.5 - 3.5

执行此功能，同时用精密电流表测量4-20mA电流输出，将读数输入仪表，则仪表内部自动完成校准运算

4.4.2.2　20 mA校准

同4．4．2．1

4.4.2.3 零点校准

零点校准	
	No
	No

参数类型：　　　选择

缺省值：　No

范围：　　No　Yes

确认测量管处于满管且流体处于静止状态，经过充分预热，执行此功能，则仪表自动进行零点校准。

4.4.2.4 仪表系数校准　（新增功能）

仪表系数校准	No. XX
	1.0000

参数类型：　　　定点小数

缺省值：　1.0000

范围：　　0.9000 ~ 1.1000

此参数表示流量计的仪表系数的特征值，出厂默认值为1。

说明此项参数用于仪表的二次周期检定；当检定结果超差时，通过此参数进行调整，调整参数的数值及调整的次数将被记录。仪表系数的确定：仪表系数=1 — 被检表的相对误差值

4.5 仪表检验

4.5.1 4-20mA检验

4-20mA检验
12.0
Max: 20.0
Min: 4.0
12.0

参数类型：　　　　定点小数

缺省值：　12.0

范围：　　20.0 - 4.0

执行此功能，同时用精密电流表测量4-20mA电流输出，在允许范围内改变当前的给定值， 检验输出值和给定值的偏差

4.5.2 频率输出检验

频率输出检验
1000.0
Max: 10000.0
Min: 0.1
1000.0

参数类型：　　　　定点小数

缺省值：　1000.0

范围：　　10000.0 - 0.1

进入此功能，同时用精密频率计测量频率输出， 在允许范围内改变当前的给定值， 检验输出值和给定值的偏差

五、详细组态 — 仪表生产厂家使用设置

详细组态，是提供给流量计生产厂家和相应的流量检测单位对该流量计的口径、传感器系等参数的设定。该项设置功能在常规状态下，设置菜单中不出现此设置菜单，通过特定按键的设置，可进入该项参数设置。

详细组态”的进入

直接进入“详细组态”的方法是在流量画面或热量画面显示状 态下按“↓”键 即可直接进，或者也可以按“→”键进入菜单选择“详细组态”。进入“详细组态”的显示界面如右图所示：

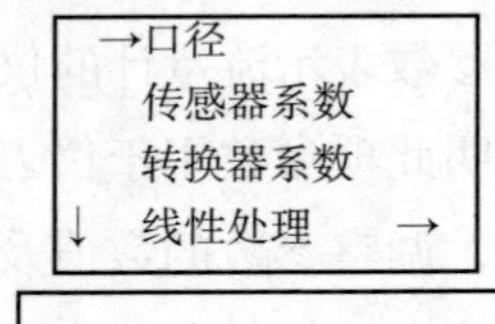

详细组态项的设置

5.1 口径mm

口径mm
100
100

参数类型：　　　　选择

缺省值：　100

范围：3　6　10　15　20　25　32　40　50　65

80　100　125　150　200　250　300　350

400　450　500　600　700　800　900

1000 1200 1400 1600 1800 2000 2200

5.2 传感器系数（流量计特征系数）

参数类型： 浮点小数

缺省值： 01.000000

范围： 00.100000 - 99.000000

此参数在进行实流标定时确定

此参数仅于传感器相关，表示传感器的特征值

```
传感器系数
                    1.0
Max: 99.9
Min: 0.0
                    01.0000000
```

5.3 转换器系数

参数类型： 定点小数

缺省值： 厂家设定

范围： 00.000000 - 99.000000

```
转换器系数
                    1.0
Max: 99.9
Min: 0.0
                    01.0000000
```

此参数仅于转换器相关，表示转换器的特征值，在出厂前经过校准，不建议用户更改!

说明：转换器系数也可由流量计生产厂家自行定义其数值。

5.4. 预置零点mV

参数类型： 定点小数

缺省值： 0.0

范围： +30.00 – –30.00

```
预置零点mV
                    0.000
Max: 30.00
Min: -30.00
                    0.000
```

功能：本功能用于修正流量计的下限流量的误差。

预置零点的确认： 预置零点=（QvL × E_{ij} ）

式中： QvL—第i检定点的流量对应电压值，单位：mV

相对误差的计算公式 $E_{ij}=\dfrac{Q_{ij}-(Q_s)_{ij}}{(Q_s)_{ij}}\times 100\%$

E_{ij} —第i检定点第j次检定被检流量计的相对示值误差，%；

Q_{ij} —第i检定点第j次检定时流量计显示的累积流量值，m^3；

$(Q_s)_{ij}$ —第i检定点第j次检定时标准器换算到流量计处状态的累积流量值，m^3；

例如： 流速S = 0.15m/s 误差E = 2 % 流量对应电压值=15.5mV

预置零点（mV）=（QvL × E_{ij} ）=15.5 × 0.02= 0.31mV

5.5 励磁电流mA

励磁电流mA
160
160

参数类型：　　　　选择

缺省值：　　　　160

范围：　　　　140　160　200　250

确认仪表的励磁电流是否处于数控方式时此参数有效，

本设置项在出厂时默认为硬件电路。

5.6 励磁频率Hz

励磁频率Hz
6.25
6.25

参数类型：　　　　选择

缺省值：6.25

范围：　0.05　3.125　6.25　12.5　25　33

其中0.05Hz作为测试用，正常工作时为无效的励磁频率

5.7 手动调整

5.7.1 实测零点mV

实测零点mV
0.0
Max: 99.999
Min: -99.999
0.0

参数类型：　　　　定点小数

缺省值：　初次零点调整时的电压值

范围：　　99.999 - -99.999

显示进行零点校准时得到的零点值

此参数提供手工微调和查看，以及因误操作“零点校准”后的手动恢复，一般情况下不建议修改！

5.7.2 空管校准频率Hz

空管校准频率Hz
450.0
Max: 9999.9
Min: 0.0
450.0

参数类型：　　　　定点小数

缺省值：　450.0

范围：　　9999.9 - 0.0

进行空管频率校准时得到特征值

此参数提供手工微调和查看，以及误操作“空管频率校准”后的手动恢复，一般情况下不建议修改！

5.7.3 满管校准频率Hz（同5.7.2）

5.8 保存出厂设置

保存设置
No
No

参数类型：　　　　选择

缺省值： No

范围： No Yes

如选择YES则保存出厂参数设置，

当参数被误修改而无法恢复时，执行4．2．5的操作，可以使仪表参数恢复到出厂状态，以保证仪表的正常运行

六、自诊断信息与故障处理

电磁流量转换器具有自诊断功能。除了电源和硬件电路故障外，一般应用中出现的故障均能正确给出报警信息。这些信息在显示器右下方给出相应提示。

故障处理：

（一）仪表无显示

1.检查电源是否接通；

2.检查电源保险丝是否完好；

3.检查供电电压是否符合要求；

如果上述都正常，请将转换器交生产厂维修。

（二）励磁报警

1.励磁接线X和Y是否开路；

2. 检查励磁线圈电阻值正常，则转换器有故障。

（三）空管报警

1. 测量流体是否充满传感器测量管；

2.用导线将转换器信号输入端子A、B和C三点短路，此时如果“空管报警“提示撤消，说明转换器正常，有可能是被测流体电导率低或空管阈值及空管量程设置错误；

3.检查信号连线是否正确；

4.检查传感器电极是否正常：

5.测量的流量不准确

6.流体是否充满传感器测量管；

7.信号线连接是否正；

8.检查传感器系数、传感器零点是否按传感器标牌或出厂校验单设置正常。

七、保养、维修

1.传感器安装场所应符合第四节的要求，并要保持外罩整洁

2.变送器需放置在整洁、通风、干燥的地方。

3.每两年需检修一次，对精度要求较高的用户，需送检。

八、DRAK系列电磁热量转换器的快速使用指导：

（一）电源的连接：

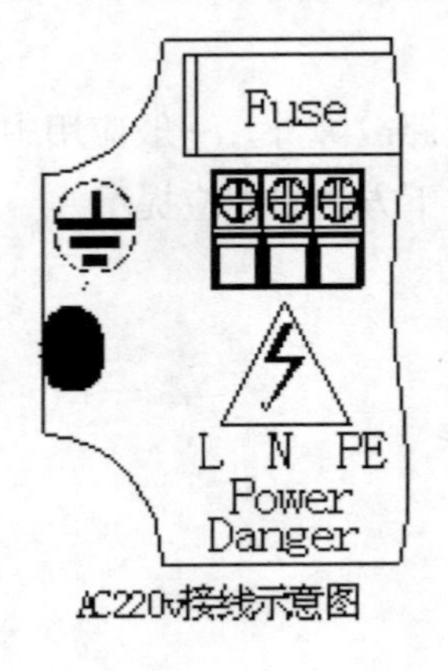

AC220v接线示意图

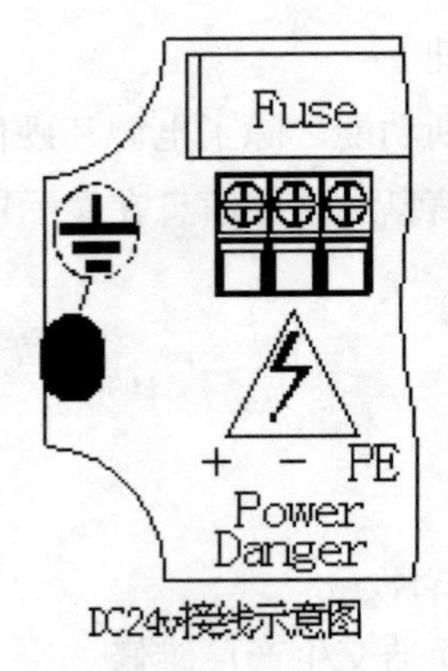

DC24v接线示意图

1. 电源在连接时请注意区分AC供电和DC供电！

2. 在连接DC供电的电磁转换器请注意电源的极性！

详细操作请参考4.1　DRAK系列型电源接线示意图

附图 F−11 电源的连接

（二）励磁信号和输入信号的连接：

1. 在连接输入、输出信号线时请将电源关闭！

2. 在连接Ex-X 和Ex时请注意连接电缆的极性！

3. 在连接测量电极信号电缆时也请注意电缆的极性！

详细操作请参考1．2．3　输入信号接线端子示意图

信号输入端子定义

附图 F−12 励磁信号的连接　　　　附图 F−13 信号输入端子定义

（三）频率输出信号的连接：

1. 脉冲输出为无源脉冲输出，外加电源为24V负载电阻为2KΩ
2. PF+为脉冲输出的正极，PF-为脉冲输出的负极！
3. 电流输出为Io+为正极，Io- 为负极。负载电阻小于750Ω

详细操作请参考1.3　信号输出连接示意图

注　意

附图 F-15 信号输出端子定义附

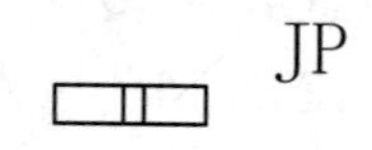

RS+　RS-　Ue+　PF+　PF-　Io+　Io-

图 F-14 频率输出信号的连接

（四）关键参数的设定

主要包括：

5.1 口径mm 、5.6 励磁频率Hz 、5.2.1.1刻度流量m^3/h 、5.2.1.2小流量中止%、4.2.1.5 流向 、4.2.2 频率输出、4.3.1空满管校准 、5.8 保存设置

1.口径的选择：

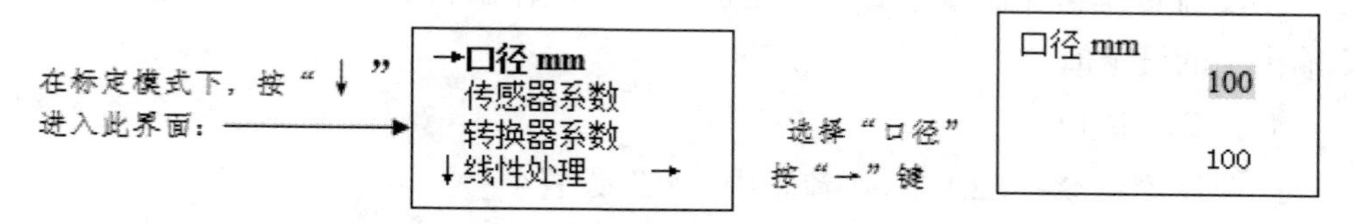

附图 F-16 口径的选择

在“口径”设置界面，用“↓”“↑”选择所配的传感器口径，按“←”确认。

此项设置请参考5.1 “口径”设置项

2.励磁频率Hz

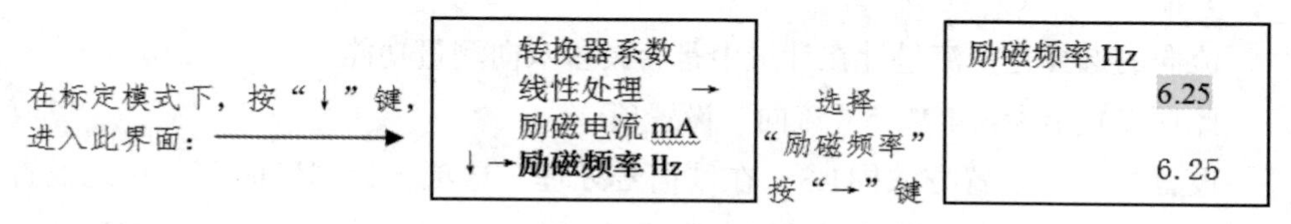

附图 F-17 励磁频率设置

在“励磁频率”设置界面，用“↓”“↑”选择相应的传感器的励磁频率，

按“←”确认。

此项设置请参考5.6“励磁频率Hz”设置项

3. 刻度流量m³/h

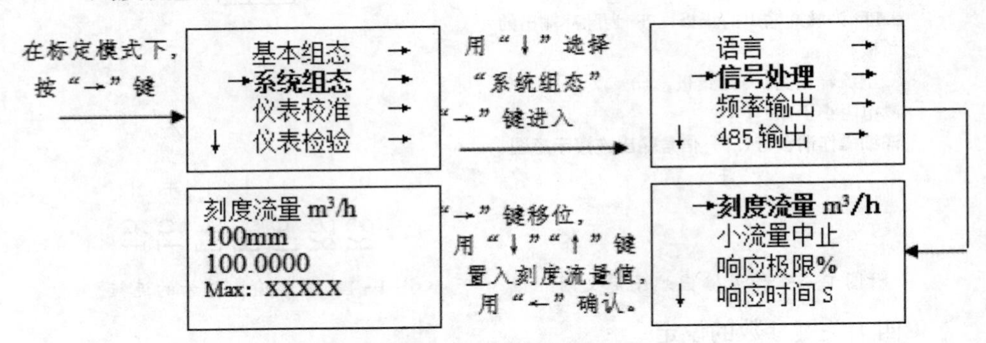

附图 F-18 刻度流量设置

此项设置请参考4.2.1.1“刻度流量m³/h”设置项

注：在进行刻度流量的输入前，必须先进行“口径”的选择。刻度流量的单位为：m³/h。

刻度流量是指在流量达到所设定值时，电流输出为20mA，频率输出为“频率输出”的设定值

4.小流量中止%

此项设置请参考4.2.1.2“小流量中止%”设置项

小流量中止是指在“小流量中止”内的流量信号将被切除，即不显示也无输出；

设置方法：设置方法同1.3，在“信号处理”选项选择“小流量中止”，在此设置项内，按“→”键移位，用“↓”“↑”键置入“小流量中止”的数值，设置完毕按“←”键确认。请注意，小流量中止数值为百分比数。

5. 流向

流向的选择是指流量计在计量中是否具备双向测量功能。

此项设置请参考4.2.1.5“流向”设置项

设置方法：设置方法同1.3，在“信号处理”选项选择“流向”，在此设置项内，用“↓”“↑”键选择“双向”或“正向”，设置完毕按“←”键确认。请注意，选择“正向”时，反向流量信号将被切除。

6.频率输出

频率输出是确定“刻度流量”所对应的频率输出值；建议选用2kHz或5kHz.

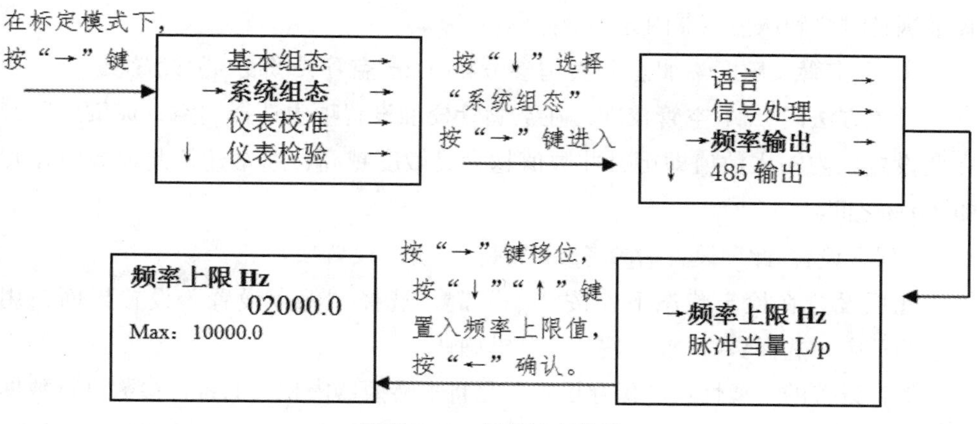

附图 F-19 频率输出设置

7.空满管校准

空满管校准是为了确保空满管报警的准确度，避免“空满管”的误报警；步骤如下：

空管校准 此项设置请参考4.3.1.1“空管校准”设置项

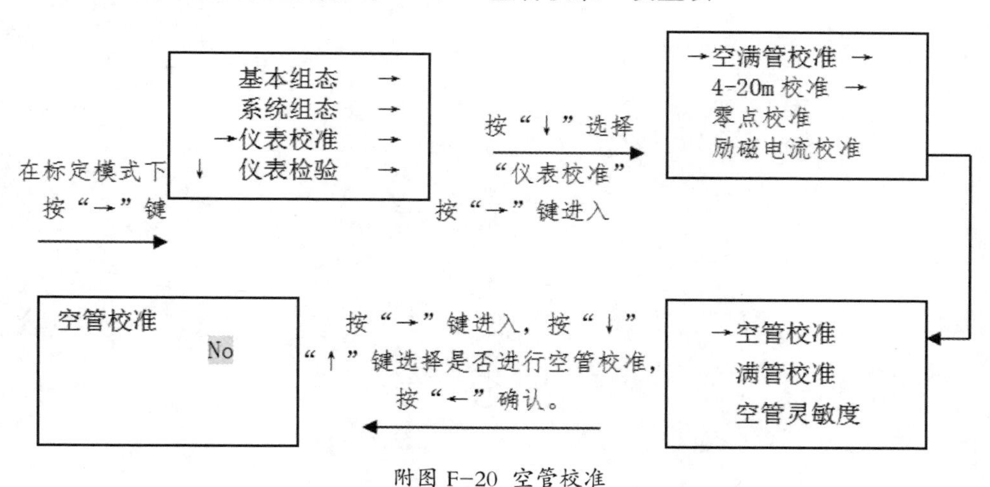

附图 F-20 空管校准

校准方法：将转换器与传感器相连，确认接线无误，并确认传感器内无液体时，可进行此项操作。

（2）满管校准 此项设置请参考4.3.1.2“满管校准”设置项

校准方法同4.7.1 空管校准，在空满管校准设置项内选择“满管校准”，在校准满管时要确认传感器内充满液体即可。

（3）空管灵敏度% 此项设置请参考4.3.1.2“空管灵敏度%”设置项

设置方法同4.7.1 空管校准，在空满管校准设置项内选择“空管灵敏度”，在此设置项内输入数值即可，此数值越大灵敏度越高，通常建议此项数值在40%–60%之间。

8.保存设置 此项设置请参考5.8“保存设置”设置项

此项设置在检定状态下，按“↓”键，选择“保存设置”设置界面，用“↓”“↑”选择Yes，No。按“←”键确认。

保存设置的重要性：“保存设置”是将本转换器内相关的各种参数进行数据备份保存，以备日后恢复由于各种原因造成的转换器内数据的变动丢失。